Network and Protocol Architectures for
Future Satellite Systems

面向未来卫星系统的
网络与协议架构

〔意〕托马索·德科勒 等 著

雒江涛 冉泳屹 译

科 学 出 版 社
北 京

图字：01-2021-0953 号

内 容 简 介

本书译自德国宇航中心德科勒等所著 *Network and Protocol Architectures for Future Satellite Systems* 一书。该书展望未来卫星系统及组网技术的发展趋势，重点阐述网络编码、多路 TCP 和信息中心网络等最新组网与协议在卫星网络中的应用。

本书适合卫星互联网领域研究人员及相关专业高年级研究生阅读。

图书在版编目(CIP)数据

面向未来卫星系统的网络与协议架构/(意)托马索·德科勒等著; 雒江涛, 冉泳屹译. — 北京：科学出版社，2021.11
书名原文: Network and Protocol Architectures for Future Satellite Systems
ISBN 978-7-03-068359-5

Ⅰ.①面… Ⅱ.①托… ②雒… ③冉… Ⅲ.①星网–研究 Ⅳ.①V474

中国版本图书馆 CIP 数据核字(2021) 第 046176 号

责任编辑：叶苏苏／责任校对：杜子昂
责任印制：罗 科／封面设计：义和文创

科学出版社 出版
北京东黄城根北街 16 号
邮政编码：100717
http://www.sciencep.com
成都锦瑞印刷有限责任公司 印刷
科学出版社发行 各地新华书店经销
*

2021 年 11 月第 一 版 开本：720×1000 B5
2021 年 11 月第一次印刷 印张：7 1/4
字数：150 000
定价：99.00 元
(如有印装质量问题，我社负责调换)

本书原著者

托马索·德科勒(Tomaso de Cola)

德国宇航中心(German Aerospace Center)

阿尔贝托·吉(Alberto Ginesi)

欧洲空间局(European Space Agency)

乔瓦尼·吉埃姆贝尼(Giovanni Giambene)

意大利锡耶纳大学(University of Siena)

乔治·C.波利佐斯(George C. Polyzos)

雅典经济与商业大学(Athens University of Economics and Business)

瓦西里·A.赛瑞斯(Vasilios A. Siris)

雅典经济与商业大学(Athens University of Economics and Business)

尼科斯·弗提欧(Nikos Fotiou)

雅典经济与商业大学(Athens University of Economics and Business)

扬尼斯·托马斯(Yiannis Thomas)

雅典经济与商业大学(Athens University of Economics and Business)

译 者 序

　　空天地海一体化组网是国家重点布局的研究方向，卫星互联网更是被列为国家新基建中信息通信设施的重要部分而备受关注。负责移动通信系统标准化的第三代合作伙伴计划 (3rd Generation Partnership Project，3GPP) 也专门针对非陆地通信组网 (Non Terrestrial Network，NTN) 进行标准化研究。不过，关于未来卫星系统组网协议与体系架构等仍有很多关键技术没有解决，仍是产业界关注的焦点和学术界研究的热点。原书作者既有来自德国宇航中心、欧洲空间局的技术专家，也有来自意大利锡耶纳大学和希腊雅典经济与商业大学的学者。本书既包括对未来卫星系统协议与组网技术的展望，也涵盖了不少最新的研究进展，包括作者自己团队的工作，如多路 TCP 及网络编码等技术的应用。特别地，本书还包括了最新非 IP 的组网技术，如信息中心网络，这在大多数卫星网络领域的著作中是比较缺乏的。

　　译者长期从事网络测试、协议分析及未来网络体系架构设计，研究成果曾获国家科学技术进步奖二等奖。本书第 1 章、第 2 章主要由雒江涛完成，第 3 章、第 4 章主要由冉泳屹完成；全书由雒江涛统稿。本书受重庆邮电大学出版基金资助。

　　由于译者水平有限，不足之处在所难免，欢迎读者批评指正。任何问题请反馈至译者的电子邮箱 Luojt@cqupt.edu.cn。

摘　　要

　　从概念开始，卫星通信就被认为是一种有前途的手段，特别是在地面基础设施容量不足或者是要发挥卫星技术与生俱来的组播/广播特性优势的各种场合。最近的进展使卫星技术成熟到能在电信领域发挥更突出的作用。特别地，地球同步轨道 (geostationary orbit，GEO) 卫星平台新型有效载荷的概念设计，以及对近地轨道 (low earth orbit，LEO) 卫星星座重新燃起的兴趣，已经使得卫星和地面网络必须一体化，才能确保新的服务满足高用户速率和高质量体验的要求，而这是单独使用两种技术中的任何一种都无法实现的。从这个角度来看，卫星和地面技术的融合还需要考虑组网的最新趋势，并特别关注最近在未来互联网框架内提出的潜在的新型体系架构。

　　本书探讨上述各场景的主要组成部分，尤其强调了组网方面。为此，本书探索如多路径 TCP (multi path TCP，MPTCP) 之类的新协议和如信息中心网络 (information centric networking，ICN) 之类的组网趋势，通过在某些同时部署卫星和地面部分的场景中展示它们的适用性。对智能网关分集方案给予了特别的关注，它提倡使用复杂的多径传输方案来利用当今设备所提供的多归属特性。本书后半部分专注于基于内容的组网，由于互联网在日常生活中的普及，它正变得越来越流行。在这方面，阐述了其在卫星通信中的应用，并强调了有待进一步解决的技术挑战。

缩 略 语

ACK	acknowledgment	确认
ACM	adaptive coding modulation	自适应编码调制
AeNB	aerial eNB	空中 eNB[①]
AIDA	agile integrated downconverter assembly	敏捷集成下变频组件
AIMD	additive increase multiplicative decrease	加增乘减
ALC	automatic level control	自动电平控制[②]
AMR	automatic meter reading	自动抄表
AP	access provider	接入提供商
ARQ	automatic repeat request	自动重复请求
AS	autonomous system	自治系统
BDP	bandwidth-delay product	带宽时延积
BER	bit error rate	比特错误率
BFN	beam forming network	波束成形网络
BH	beam hopping	跳波束
BIC	binary increase congestion control	二进制递增拥塞控制
BSM	broadband satellite multimedia	宽带卫星多媒体
CCSDS	Consultative Committee for Space Data Systems	空间数据系统咨询委员会
CDN	content delivery networks	内容分发网络
CP	content provider	内容提供商
CR	content router	内容路由器
CRA	contention resolution ALOHA	冲突解决 ALOHA[③]
CRC	cyclic redundancy check	循环冗余校验

---

① evolved Node B,指 4G 网络中的基站. 译者补充。

② 译者补充。

③ ALOHA：本意为夏威夷语"你好"或"再见",后被命名为最早的无线数据通信协议。

CRDSA	contention resolution diversity slotted ALOHA	冲突解决分集时隙 ALOHA
cwnd	congestion window	拥塞窗口
DAMA	demand assignment multiple access	按需分配多址
DPI	deep packet inspection	深度包检测
DRA	direct radiating array	直接辐射阵列
DSA	diversity slotted ALOHA	分集时隙 ALOHA
DTN	delay/disruption tolerant network	延迟/中断容忍网络
DVB	digital video broadcasting	数字视频广播①
EIRP	effective isotropic radiated power	等效全向辐射功率
EPC	evolved packet core	演进的分组核心
ESA	European Space Agency	欧洲航天局
ETSI	European Telecommunications Standards Institute	欧洲电信标准协会②
FAFR	focal array fed reflector	焦阵列馈电反射面
FCFS	first come, first served	先到先服务
FEC	forward error correction	前向纠错
FGM	fixed gain mode	固定增益模式③
FIFO	first in, first out	先入先出
FN	forwarding node	转发节点
FTP	file transfer protocol	文件传送协议
GEO	geostationary orbit	地球同步轨道
GFP	generic flexible payload	通用柔性有效载荷
GW	gateway	网关
HAP	high altitude platform	高空平台
HL-BFN	high level BFN	高电平 BFN
HPA	high power amplifier	高功率放大器
HTS	high throughput satellite	高通量卫星
HTS	high throughput systems	高吞吐量系统
HTTP	hypertext transfer protocol	超文本传送协议
ICN	information centric networking	信息中心网络
IMUX	input multiplexer	输入多路复用器

① 译者补充。
② 译者补充。
③ 译者补充。

IoT	internet of things	物联网
IP	internet protocol	网际互联协议
IRIS	IP routing in space	IP 太空路由
IRSA	irregular repetition slotted ALOHA	不规则重复时隙 ALOHA
ISL	inter-satellite link	星间链路
ISP	internet service provider	互联网服务提供商
LEO	low earth orbit	近地轨道
LFU	least frequently used	最少使用
LHCP	left-hand circularly-polarized	左旋圆极化①
LL-BFN	low level BFN	低电平 BFN
LNA	low noise amplifier	低噪声放大器
LRU	least recently used	最近最少使用
M2M	machine-to-machine	机器到机器
MAC	media access control	媒体接入控制
MEO	medium earth orbit	中地球轨道
MFPB	multi feed per beam	单束多馈
MPA	multi-port amplifier	多端口放大器
MPLS	multi-protocol label switching	多协议标签交换
MPTCP	multi-path TCP	多路径 TCP②
MSS	maximum segment size	最大段长
NACK	negative acknowledgment	否定确认
NASA	National Aeronautics and Space Administration	美国航空航天局
NC	no caching	无缓存
NCC	network control center	网络控制中心
NDN	named data networking	命名数据组网
NFV	network function virtualization	网络功能虚拟化
NMC	network management center	网络管理中心
NRS	name resolution service	名字解析服务
OBP	on-board processor	星上或机载处理器
PBR	policy-based routing	基于策略的路由
PEP	performance enhancing proxy	性能增强代理
PER	packet erasure rate	包擦除率

① 译者补充。

② 译者补充。

PER	packet error rate	包错误率
PLA	packet level authentication	包级身份认证
PLMU	portable land mobile unit	便携式陆地移动单元
PLR	packet loss rate	包丢失率
PSU	power supply unit	供电单元①
PSI	publish-subscribe internetworking	发布-订阅网络互连
QoE	quality of experience	体验质量
QoS	quality of service	服务质量
RA	random access	随机接入
RASE	routing and switching equipment	路由与交换设备
RENE	rendezvous network	会合网络
RHCP	right-hand circular polarization	右旋圆极化②
RLNC	random linear network coding	随机线性网络编码
RN	rendezvous nodes	会合节点
RIP	routing information protocol	路由信息协议③
RTT	round-trip time	往返时间
SA	slotted ALOHA	分时隙 ALOHA
SACK	selective acknowledgment	选择性确认
SCACE	single channel agile converter equipment	单通道敏捷转换设备
SC-ARQ	selective-coded ARQ	选择性编码 ARQ
SCPS-TP	space communications protocol specifications-transport protocol	空间通信协议规范-传输协议
SDN	software defined networking	软件定义网络
SFPB	single feed per beam	单束单馈
SGD	smart gateway diversity	智能网关分集
SIC	successive interference cancelation	串行干扰消除
SNACK	selective negative acknowledgment	选择性否定确认
SNO	satellite network operator	卫星网络运营商
SNR	signal to noise ratio	信噪比
SR-ARQ	selective-repeat ARQ	选择性重复 ARQ
SSPA	solid state power amplifier	固态功率放大器

---

① 译者补充。
② 译者补充。
③ 译者补充。

STP	satellite transport protocol	卫星传输协议
SVNO	satellite virtual network operator	卫星虚拟网络运营商
TCP	transmission control protocol	传输控制协议
TM	topology manager	拓扑管理员
TP	transit provider	中转提供商
TWT	traveling wave tube	行波管
TWTA	traveling wave tube amplifier	行波管放大器
UAV	unmanned aerial vehicle	无人驾驶飞行器
V2I	vehicle-to-infrastructure	车辆到基础设施
V2V	vehicle-to-vehicle	车辆到车辆
VANET	vehicular ad-hoc network	车辆自组织网络

目　　录

第 1 章 概　述

1.1　现代卫星系统

从 Clark 在 1945 年那篇鼓舞人心和富有远见卓识的大作[①]开始，卫星通信就越来越成为我们日常生活的一部分，因为它们在大量应用中发挥着重要作用，如电视广播、地球观测、车辆辅助导航、灾害救援等，不胜枚举。随着应用数量的不断增加，卫星学术和产业界花费很大精力开发新的平台以提供更大的容量，从而支持更丰富的业务。从这个角度来看，为了确保不同卫星系统之间的互操作性而开发的通信标准的激增也是值得提及的，例如，那些在 DVB 和 ETSI 标准化论坛中详细阐述的标准。

在过去 20 年持续的技术进步中，通信范式在从单波束到多波束的转换中扮演了重要的角色，目的在于提供更大的数据速率，尽管对比一些适当的缓解方法，这付出了干扰增加的代价。这种变革引发我们对整个卫星系统的重新思考，它涉及地面和空间两个部分。至于后者，经典的"弯管"(bent-pipe) 卫星已经更多地与机载处理卫星一起使用，从而拓宽了系统设计时可以考虑的优化空间。特别地，拥有灵活的功率、频率、时间 (跳波束, beam hopping) 的卫星载荷的出现，为整个卫星系统的资源分配问题引入一个新的维度，从而有助于更高效地满足用户对容量的需求。

另一个关键的技术进展来自 2000 年伊始 LEO 星座的引入，最初的结果并不成功，然而它最终重新成为一个吸引人的概念，近期发射的巨型星座证明了这一点；它设想能以更大的数据速率和更低的接入延迟更好地服务用户，从而可能成为地面技术的直接竞争者。从这个角度看，自由空间激光光学的出现也成为未来卫星系统设计革命的重要一步，因为它们能提供比射频系统大得多的数据速率，尽管前者的性能会受到不利条件 (如云) 的严重阻碍。

尽管卫星界持续努力演进卫星通信的运营理念，但一定要清醒地意识到卫星系统不可能成为支持所有电信形态的终极载体。相反，互联网主要由地面基础设施传输，而且它的统治地位会增高，这也得益于移动设备在日常生活中的渗透。尽管如此，两个相互竞争的世界之间的理想折中在于相互融合在一个独特的生态系

---

① Extra-Terrestrial Relays – Can Rocket Stations Give Worldwide Radio Coverage?. Wireless World, October 1945.

统中，从而能够满足所有用户在任何时间、任何地点的全面需求。为使一体化操作对双方都有意义，卫星系统从通信角度完成了重要的增强，旨在提高所提供的总体容量，这已经被超高频 (extra high frequency, EHF) 频段的实验和高效支持网关切换事件的分集技术的相关应用所验证，而且仍保持着非常高的系统可用性。此外，探索新的组网范式，使卫星技术成为与地面网络集成的一个有吸引力的候选。从这个角度来看，当下互联网交付基础设施的重塑也正扮演着重要的角色；这种重塑越来越多地围绕内容定制，而不是传统的源-目的哲学。基于此，信息中心网络的推广代表了迄今为止所用网络范例的一个重要转变，并且引入了一些重要的特性来简化异构技术之间的集成。

总的来说，这些是被认为有助于发展更现代的卫星系统的主要组成部分，它们必定在不久的将来与地面基础设施无缝集成在一起。

1.2   整 体 框 架

本书综述了卫星通信技术的最新进展，尤其是有望促进卫星与地面部分无缝集成的组网概念。基于此观点，它引导读者沿着这样的路径，理想地将卫星载荷设计的最新趋势及对资源分配方案设计相关的影响与过去几年在地面领域出现的现代协议体系架构关联起来。该场景的逻辑分解也因此存在三个主要部分，分别对应相应的章节；从卫星环境的系统视图开始，以体系结构的展望结束。有鉴于此，本书结构如下所示。

(1) 第 2 章阐述柔性和跳波束载荷设计背后的主要概念，并深入探讨应如何实现更有效的资源分配。总体讨论提供卫星系统的系统视图分析，并为下一代卫星系统的设计及后续新业务的启用描绘可能的前景。

(2) 第 3 章探讨卫星与地面网络融合的趋势，挖掘多径通信协议的潜力。在这些方面，该章概述了多路径 TCP (MPTCP)，并结合其在异构星-地链路网络编码中的应用进行分析。

(3) 第 4 章是第 3 章关于星地一体化网络讨论的自然延续，这里给出一个体系架构方面的展望。特别地，应用最近构想的信息中心网络 (information centric networking，ICN) 的概念来展示其部分特性所提供的无缝网络集成方面的优势。

第 2 章 卫星通信的未来趋势

本章以高通量卫星 (high throughput satellite, HTS) 系统范式为参考，介绍卫星通信发展的主要趋势，并着重介绍卫星载荷的设计选择。接下来，考虑其他卫星系统的配置，从而引入卫星与地面段网络融合 (有望成为电信系统的未来) 的一般性话题。在这方面，概述了组网方面最重要的发展趋势，其中的部分内容 (如 MPTCP 和网络编码) 在接下来的章节还将进一步阐述。

2.1 高通量卫星系统

2.1.1 概述

对高质量和数据速率服务持续增长的需求将改变电信世界，从而在交付的比特率方面给用户提供前所未有的体验[19]①。另外，由于缺乏有效的地面基础设施或者由于领土形态 (如高山、沙漠等) 造成有挑战的运行环境，数字鸿沟仍在影响着世界上一些区域。从这个角度讲，卫星将在补充地面基础设施方面发挥突出作用，从而为所有用户提供非常高的数据速率 (如欧洲确立的 2020 年以后超过 50 Mbit/s 的目标)。为此，在实现 Tbit/s 容量[18] 的总体设计任务下，人们构想出高通量卫星 (以及类似的非常高和新近的超高) 的概念[36]。因此，实现这一目标将象征着当前卫星系统的一个里程碑，并肯定证实进入了下一代卫星系统的时代。事实上，目前的系统能够提供 $10 \sim 200$ Gbit/s 范围内非常有限的容量 (如 Hylas 2、Ka Sat 及 Echostar XIX 等，不一一列举)[52]，因此，需要作出重大的再优化 (re-engineering) 努力，以推进卫星系统的设计。尤其是在总体系统设计中必须恰当地解决 (至少) 三个主要的技术挑战[75,100]：

(1) 带宽不足；

(2) 大型网关网络；

(3) 匹配用户长期数据速率需求。

关于第 (1) 点，一种合适的方法是利用整个 Ka 波段 (17.7~19.7 GHz)[59] 作为用户链路，并将 EHF 波段 (> 40 GHz) 用作馈线链路，以充分地利用更大的频谱空间。特别地，已经注意到 Q/V 频带的使用，还可能与更高的频率 (如 W 频带) 或光馈线结合，以进一步增加可用容量。另外，值得一提的是，那些运行

---

① 本书的文献序号及文献信息，均同原著一致，未做修改。

在 EHF 或者更高频段结合自由空间光学技术中的链路可能会受到大气损伤的严重影响。例如，电话会议和远程医疗等服务 (具有高可用性需求) 可能会在用户级别上遭受严重的体验质量下降。此外，任务关键型 (mission-critical) 应用 (即要求低延迟交付和无信息丢失，如警报/警告和遥测服务) 可能会受到由馈线链路中断事件 (尽管持续时间很短) 引起的重要性能限制。对于使用射频 (radio frequency, RF) 链路的网关来说，性能下降会因下雨引起的严重信道衰落而发生，而建立在自由空间光学技术上的链路则通常会受到云层导致的信号阻塞事件的影响。

因此，地面段的设计必须基于冗余和空间分集的概念，额外增加了网络的规模，如第 (2) 点所述。特别地，对大型网关网络的需求本质上来自实现 Tbit/s 容量的目标，这需要大量运行在 RF 波段的网关。当目标可用性高于 99.5% 时，必须充分地考虑这方面的因素，因此智能网关分集技术 (下一节进一步重点阐述) 确实非常必要。

第 (3) 点当然是最重要的一点，即与用户需求相匹配，因为它包含了地面和空间段的各个方面。一方面，为用户提供比目前实际供应的更大的数据速率将需要卫星网络配备更多的波束 (> 200 个)，这反过来也将导致波束变得更窄[75]。此外，为了尽可能充分地利用可用频谱，还设想提高频率重用系数，因此需要适当的干扰缓解技术和调度解决方案。另一方面，满足用户在数据速率方面的需求与资源分配问题紧密关联，其实质是将提供的容量与请求的容量之间的差距最小化。这一问题的解决方案实际上要同时在空间和地面段实施，以便使卫星载荷也能适当分配资源 (时间/频率和功率)。由于目前主要基于静态分配的方案在大型卫星网络 (即 > 200 个波束) 和容量高可用性的情况下，预期性能不佳，所以设计适当的无线资源管理解决方案是必要的。

因此，宽带卫星网络的设计必须仔细考虑一些关键的系统参数，并对这些参数进行优化，以最大限度地提高吞吐量和可用性 (至少)，仅以几个基本性能目标为例。更确切地说，在对整个卫星系统进行尺寸标定时，应特别注意下列系统参数，从而满足特定的业务需求[75]：

(1) 用户链路带宽 B，即分配给用户链路的 Ka 波段的射频带宽总量，主要由监管约束决定。

(2) 波束数 N_b，这取决于覆盖范围的大小、星载用户链路天线的大小和波束模式交叉点数。

(3) 颜色数 n_c (与频率重用直接相关)，即频率子带和偏极化的独特组合数。它决定总的系统带宽 $W(\mathrm{Hz}) = N_b \cdot B/n_c$，并对同频干扰水平有着重要影响。

(4) 星上载荷的高功率放大器 (high power amplifier, HPA) 的数量，受星上载荷质量、功率、舱室大小和热耗散的限制，其值取决于波束数和每台 HPA 的波束数。

(5) 总线直流总功率 PDC：只有部分直流总功率分配给电信载荷 (特别是给前向链路行波管放大器的)，并转换为射频功率。

2.1.2 频谱管制

如前面所述，可用于高通量卫星系统的频谱数量必须符合国际电信联盟 (International Telecommunication Union, ITU)、欧洲邮电管理委员会 (Committee for European Post and Telecommunication, CEPT) 及不同国家主管部门[52,75,100] 的监管约束。在用户链路中，由于来自/去达小型用户站卫星信号的特性，与其他服务共存非常具有挑战性，因此监管将确保一定程度的保护。为此，欧洲已经作出决定以确保不受干扰，并免除以下频段 (以下称为 "专用频段") 的个人终端许可：① 19.7~20.2 GHz 用于空-地通信；② 29.5~30 GHz 用于地-空通信。

进一步的决定确定了可用于用户链路上行 (地-空通信) 的其他频谱部分，即 27.5~27.8285 GHz；28.445~28.8365 GHz；29.4525~29.5 GHz；28.8365~28.9485 GHz。对于下行链路，17.3~17.7 GHz 部分可以被认为是高密度固定卫星服务 (high-density fixed satellite service, HDFSS) 旗下的一个候选波段。然而，该频带的运营应在不影响 BSS 馈线链路服务的情况下进行。接下来，这些额外的频谱部分将被称为 "扩展波段"。

对于馈线链路，存在以下两种选择。

(1) Ka 波段：ITU 无线电条例在全球范围内分配 27.5~29.5 GHz 频段用于地-空方向的固定卫星服务，17.7~19.7 GHz 频段用于空-地方向。

(2) Q/V 波段：在 37.5~43.5 GHz 和 47.2~51.4 GHz 的区域。

2.1.3 智能网关分集架构

系统设计必须应对由于恶劣天气条件造成的馈线链路损伤，这种损伤在高频波段尤其严重。自适应编码调制 (adaptive coding modulation, ACM) 自身可能无法保证所要求的服务质量 (quality of service, QoS) 系统规格，由于在这些频带会发生非常高的信号退化 (由于气象效应引起的深度衰落)，这意味着将出现不希望的吞吐量下降，伴随着馈线链路信道的传播衰减。基于这些事实，开发了网关分集 (gateway diversity, GD) 技术，其使用一组通过地面链路 (相互) 连通的网关 (gateway, GW)。当一个 GW 的馈线链路经受深度大气衰落时，它的流量可以通过地面网段重新路由到另一个 GW[59]。分集技术利用充分分离的 GW 之间存在的空间分集特性来放松链路预算的余量。

多 GW 架构取得了预期的可用性，付出的代价是相对于 N 个活动 GW 增加多余的 GW。每个活动 GW 连接到一个备用 GW，一旦主 GW 经历不可接受的衰落水平，备用 GW 将被激活。在衰落事件中，所有流量被重新路由到冗余的

GW；重新路由的决定将由网络控制中心 (network control center，NCC) 作出。额外的 GW 需部署在距主站至少 20 km 远的地方，以消除有关 (大气) 衰减事件的相关性。用户终端必须在分集切换后将其载波锁定在冗余网关上。如果系统设计采用 N 个 GW，则上述基本分集方案需要 $P \equiv N$ 个冗余 GW 来实现所需的可用性水平；该方案被称为经典的分集方案。这种经典 GW 分集方案的主要缺陷是需要将地面段和基础成本增加一倍，这对于未来的卫星系统来讲可能是无法接受的。因此，吸纳改进方案来减少所需的 GW 数量变得非常重要。这也正是文献 [58]、[92] 中提出智能网关分集 (smart gateway diversity，SGD) 方案的原因。下面参考此专利[10] 所述的 SGD 技术，能获得与传统 GW 分集方案类似的可用性水平，但需要较少的备用 GW。

SGD 的概念基于以下几个基本方面：

(1) 所有 GW 通过地面网络互连；

(2) 每个用户波束可以由若干 GW 提供服务 (即不是只有一个，即使实际上只有一个)；

(3) 如果一个 GW 遇到某用户停机或容量减少的情况，其部分或全部流量可以在地面上重定向到另一个 GW。

根据 N 个系统 GW 加上 P 个冗余 GW 的使用情况[10]，可以将不同的 SGD 方案分类如下：

(1) 智能 $N+0$ GW；

(2) 智能 $N+P$ GW；

(3) 智能 $++N+P$ GW。

$N+0$ 站点分集：$N+0$ 宏分集方案 (图 2-1) 背后的基本思想是，每个用户波束由来自所有 GW 的载波或 GW 的子集提供服务。该方案需要在卫星载荷水平上进行修正，以便从不同的馈线链路进行过滤 (分离) 载波并将它们重新组合。如图 2-1(a) 所示，每个用户波束由多个 GW 的不同载波提供服务。一个给定的用户通常只锁定单一运营商。某个 GW 的损伤 [图 2-1(b)] 将意味着该 GW 载波服务的所有用户不得不迁移到服务该波束的其他 GW 的载波，这样才不会导致完全中断，而只是受影响波束的吞吐量下降。其主要优点在于不需要冗余网关，这与其他建议方案不同。

$N+P$ 站点分集：如图 2-2 所示，该方案设想了一种具有路由能力的卫星载荷。需要一些额外的 GW (冗余)，以确保当某个 GW 宕机时，用户的容量不会减少。与上一个方案不同，此方法取得了更好的吞吐量分布 (伴随衰落)，代价是需要 P 个冗余的 GW，如图 2-2(a) 所示。基本上，就像 $N+0$ 方案一样，每个用户由多个网关的不同载波提供服务。当某个 GW 不可用时，不是损失波束吞吐量的一部分，而是载波在载荷层面切换。实践中，有 N 个并发激活的 GW

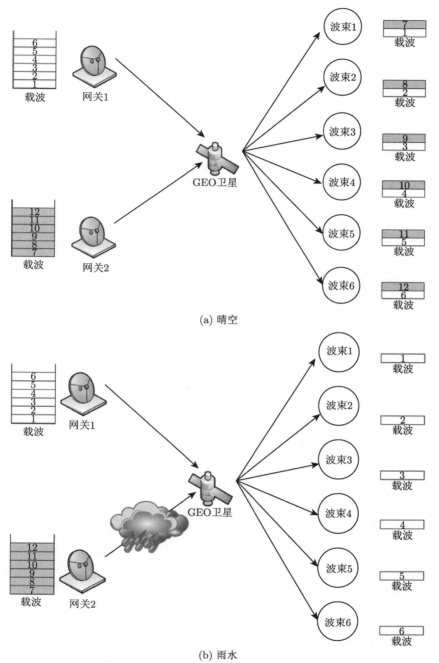

(a) 晴空

(b) 雨水

图 2-1 N+0 站点分集

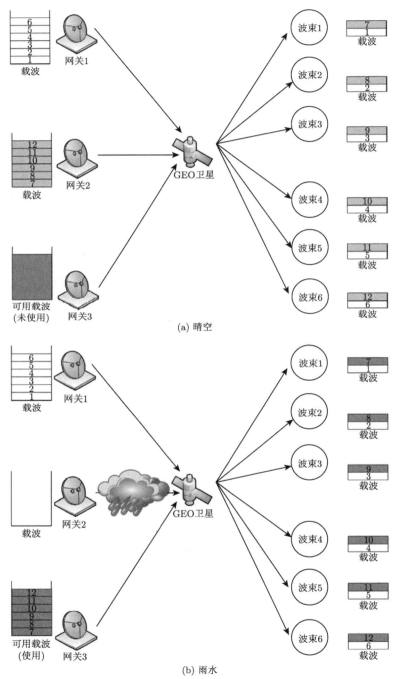

图 2-2 $N+P$ 站点分集

(占其载波的 100%)。此外，GW 相互连接以方便当某个 GW 发生衰落状况 [图 2-2(b)] 和需要进行 GW 切换时执行流量的重路由，从而激活 P 个备用 GW 中的一个：受影响 GW 的所有输入流量被迫重路由到冗余 GW 上。只要受影响的 GW 数小于或等于 P，该 SGD 技术就能控制这种局面。而在卫星 (载荷) 上，则需要装备 $N+P:N$ 的非阻塞交换矩阵。

++$N+P$ 站点分集：该方案 (图 2-3) 类似于 $N+P$ GW 分集，除了在标称运行条件下，所有 GW (如所有 $N+P$ 个) 全部同时运行 [图 2-3(a)]。此外，与前两种方法类似，每个波束由不止一个 GW 提供服务。这一概念提高了系统的可用性，代价是更复杂的卫星载荷。考虑一个例子：$N=2$，$P=1$，共 27 个载波 (每个网关 9 个)。所有 $N+P=3$ 个 GW 都只使用 6 个载波 (即使它们最多可以支持 9 个载波) 同时工作。如果某个 GW 出现中断 [图 2-3(b)]，它的载波在其他 GW 中被激活 (现在剩余的 2 个 GW 每个都使用 9 个载波)，这些 GW 通过卫星的星上交换矩阵的适当重配置，切换到与之前相同的用户波束上。因此，我们可以保持和以前一样的容量及连接性。只是此方案中的卫星载荷更为复杂。

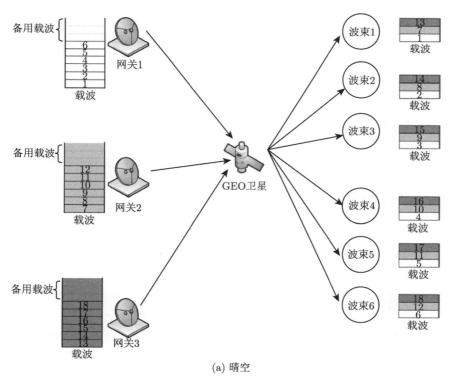

(a) 晴空

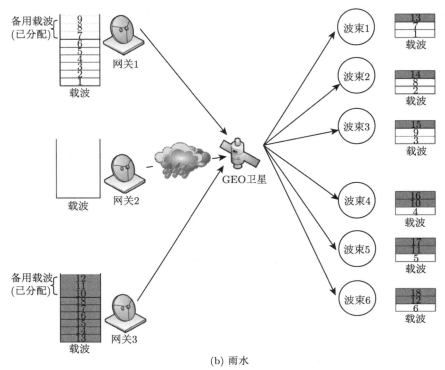

(b) 雨水

图 2-3 ++N+P 站点分集

2.1.4 载荷结构

根据用户链路天线的类型和载荷体系结构，高吞吐量系统 (high throughput systems，HTS) 可以分为两大类：① 单束单馈 (single feed per beam，SFPB)；② 单束多馈 (multi feed per beam，MFPB)。第一类是目前最流行的方案，但第二类已经并将继续在特定任务场景中发挥重要作用。

1. 单束单馈

如图 2-4 所示，在 SFPB 架构中，地面上的每个点波束仅由单个天线馈电单元产生。这意味着馈电阵列的单元数量等于波束数。在波束大小和波束间距之间相互冲突的要求下，为了产生良好的天线波束模式，此方案通常需要 3 个或 4 个独立的天线，每个天线在覆盖范围内产生一组交错的波束。

SFPB 天线相关的载荷结构如图 2-5 和图 2-6 所示，分别用于前向 (forward，FW) 链路和返回 (return，RT) 链路目标。与 SFPB 天线相关联的载荷体系结构可以描述为没有冗余的高级功能体系结构，而且仅限于由同一个 GW 服务的波束。一种可能的假设是覆盖范围采用四色方案，即用户带宽 (Ka 波段通常为

500 MHz) 被分成 4 个子频带，每个子频带在覆盖范围内按照一定的分布有规则地使用，目的是限制系统的同信道干扰。在这个特定的例子中，一个极化方向同时用于前向和返回链路。其他可能的方案预见了双极化的使用，其中用户着色方案也包括两个极化方向，因此用户带宽被分割成 2 个子频带而不是 4 个。同样，在 GW 链路上，该方案在这里假定使用一个极化方向，而通常，会使用两个极化方向最大化发掘可用的馈线链路带宽。然而，在这两种情况下 (用户和馈源链路)，对双极化等效的外推都是直接的。

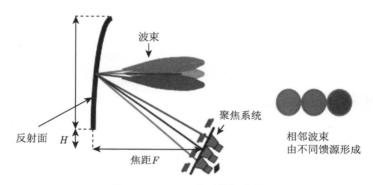

图 2-4　SFPB 的天线概念图

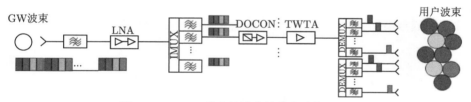

图 2-5　SFPB 前向链路有效载荷结构示例

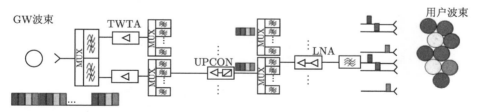

图 2-6　SFPB 返回链路有效载荷结构示例

在前向链路任务中，星上载荷接收部分 [滤波器加低噪声放大器 (low noise amplifier，LNA)] 接收由 GW 上行的载波，然后将其分成若干组载波，每组为一个高功率放大器 (high power amplifier，HPA) 服务，当考虑 Ku 或 Ka 波段时，通常

采用行波管放大器 (traveling wave tube amplifier，TWTA)。该功能由输入多路复用器 (input multiplexer，IMUX) 块执行，并且为了向每个不同的 HPA 馈送一组载波，这些载波经过适当的下变频 (DOCON) 后被转换到相同的用户链路带宽。功率放大后，解复用滤波器将不同的载波 (每个载波代表一种颜色) 分开，以便将载波馈入不同的天线馈电单元，从而产生独特的波束。对返回链路方向进行相反的处理，如图 2-6 所示。这里，将载波聚合到馈线链路 TWTA 的方案取决于馈线链路预算和带宽。可能需要不同数量的 TWTA 来适当地放大馈线链路的总带宽。

实现 SFPB 架构的一个 HTS 例子是 Eutelsat Ka-Sat [35]。该卫星有 4 个 SFPB 反射面，每个反射面照亮 82 个波束的 1/4。500 MHz 用户带宽在覆盖范围内重复使用，利用双圆极化四色方案，使波束带宽为 250 MHz。该 HTS 的总输出容量约为 90 Gbit/s。关于该系统的更多细节，请参阅文献 [35]。

2. 单束多馈

在 MFPB 架构中，覆盖范围内的每个波束都是由天线馈源簇内的若干辐射单元产生的。这些馈源的数目可以是该簇的一个子集或者是整个簇。在图 2-7 的例子中，每个波束由 7 个馈源生成。在这种情况下，由于产生波束的单元数量有限，反射面被用来聚焦天线的波束图。这些结构也称为焦阵列馈电反射面 (focal array feed reflector，FAFR)，当所有的馈源对每个波束的生成都有贡献时 (因此没有反射面)，这种结构被称为直接辐射阵列 (direct radiating array，DRA)。还要注意，通常馈源会对多个波束的生成有贡献 (图 2-7 中是两个波束)。

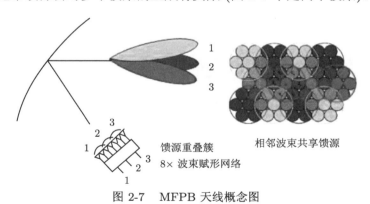

图 2-7　MFPB 天线概念图

通常，采用这种结构，由于馈源大小和天线波束特性之间存在不同的权衡，只需用一个孔径来生成整个覆盖。因此，这种架构可以节省星上的天线数；然而，由于需要装载某种波束成形网络 (beam forming network，BFN)，天线本身和载荷可能会变得更加复杂。这确实需要用信号振幅和相位激励馈电阵列，以产生不同馈电贡献在空间上的组合，进而产生想要的波束图。由于星上 BFN 的存在，系

统通常可以 (与具体架构有关) 在载荷资源和覆盖上实现高度的灵活性。接下来，说明 FAFR 和 DRA 的体系结构。

焦阵列反馈发射面 (FAFR): 根据 BFN 是在功率放大段之后还是之前实现的，FAFR 结构可以分为两类。后面分别讨论高电平 BFN (high level BFN，HL-BFN) 方案和低电平 BFN (low level BFN，LL-BFN) 方案。

1) HL-BFN 方案

FW 链路任务如图 2-8 所示，预设 HPA 的数量等于要生成的波束数。由于它们通常少于馈源数，所以这些结构的优势在于只需装载有限的 HPA。然而，由于其高功率的特性，预期的 BFN 通常相当庞大，灵活性有限甚至没有。此外，设计时必须特别小心，因为任何功率损耗都会降低天线的等效全向辐射功率 (effective isotropic radiated power，EIRP)，从而降低整个系统的效率。

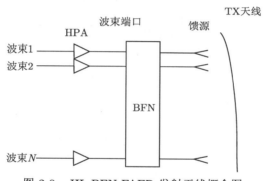

图 2-8   HL-BFN FAFR 发射天线概念图

为此，BFN 往往直接附着到馈源阵列，以避免波导引起的损耗。该架构实现的一个例子是空客公司的美杜莎 (Medusa)[90] 馈源/BFN 子系统 (图 2-9)。该阵列可以根据要求的覆盖范围和波束大小，馈入不同尺寸的反射面。用来生成每个波束的馈源数目是 7，同时通过馈源重用以产生相邻波束。典型的 MFPB 载荷使用两个天线，一个用于前向链路，另一个用于返回链路。

HL-BFN FAFR 天线 (图 2-10 和图 2-11) 关联的载荷结构与 SFPB 的一种方案非常类似。唯一的区别在于天线 (在前向链路中)，它没有像 SFPB 方案一样直接将 DEMUX 输出作为馈入电平，而是在二者之间设置了 BFN 级。类似的情况也适用于返回链路方向上。

2) LL-BFN 方案

另外，在 LL-BFN 架构 (图 2-12) 中，BFN 在低功率下实现。HPA 的数量等于馈源的数量，因此需要相对多数量的馈源，尤其对于大型任务。此外，每个 HPA 要放大由几个载波组成的复合信号，因此它必须在相对饱和点较大的回退

(bakcoff) 下工作。然而，BFN (功率低) 不会因损耗而影响天线 EIRP(损耗可以通过适当的 HPA 前置放大级进行补偿)，并且可以使其变得非常灵活 (在轨可重构) 而且可能是动态的。在某些实现中，BFN 还可以在星域机载处理器 (on-board processor，OBP) 内以数字化方式实现。

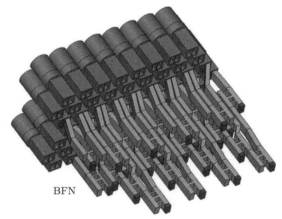

图 2-9　美杜莎 (Medusa) 馈源/波束形成网络的布局

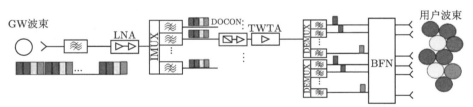

图 2-10　HL-BFN FAFR 天线前向链路有效载荷体系结构示例

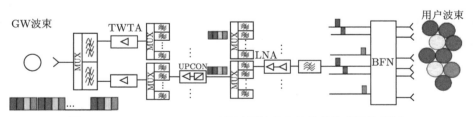

图 2-11　HL-BFN FAFR 天线返回链路有效载荷体系结构示例

　　该架构的一个例子是 Eutelsat 量子卫星的前向链路任务[97] (图 2-13)。该天线设计来提供多达 8 个独立波束 (4 个水平极化，4 个垂直极化)，尤其能够提供独立的可重构服务区。下行天线提供每个极化方向 4 个波束共享的全射频功率。由于在 TWTA 之前有一个低功率 BFN，下行天线允许在不影响射频输出端损耗的情况下产生多个波束。每个极化方向 21 个馈源已经成为基准。

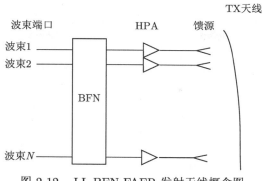

图 2-12   LL-BFN FAFR 发射天线概念图

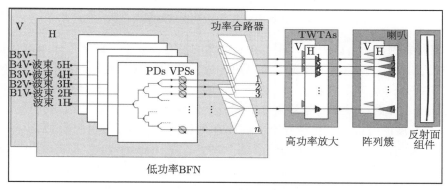

图 2-13   量子发射天线

图 2-14 (FW 链路) 中描述了与 LL-BFN FAFR 发射天线一起使用的一种可能的高水平载荷架构。网关产生的前向链路载波首先由星上的经典接收机 (滤波器加 LNA) 单元接收。然后用多路解复用器分离这些必须路由到不同波束的载波。该多路解复用器通常在若干个并行单元中实现。然后，下转换级根据所需的频率着色方案将波束载波转换到正确的用户链路频率。BFN 将馈入其输入端口的信号进行线性组合，从而与天线一起在地面上生成正确的波束图案。在 BFN 之后，功率放大级将馈电信号提升到正确功率电平，达到天线设定的 EIRP。放大级可以用 TWTA 和固态功率放大器 (solid state power amplifier，SSPA) 技术实现。对于大型系统，由于总体预算优势，通常首选 SSPA 解决方案。然而，与 TWTA 相比，Ku 和 Ka 波段 SSPA 的功率效率仍然是一个有待改进的领域。因此，这种架构需要对质量和功率预算进行精细管理，特别是对于大型网络。功率放大级常用多端口放大器 (multi-port amplifiers，MPA) 来实现。实际上，在 BFN 每个输出都与一个放大器和一个馈源相关联的基本架构中，必须根据每个馈源的激励规律来调整 HPA 电平。这将导致给波束分配的功率不够灵活。进而，一个放大

器的故障会导致一个或几个波束非常显著的退化。相反，使用 MPA(功率池) 实现功率放大的分配可以灵活地管理馈电功率级别，并且在 MPA 内某个 HPA 失效时更加健壮。

该结构的一部分可以在 OBP 内以数字方式实现。特别地，DEMUX 和 BFN 单元非常适合于数字实现，只要负担得起计算复杂度。

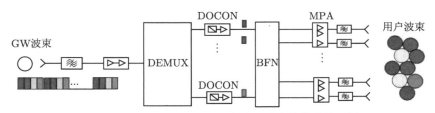

图 2-14　LL-BFN FAFR 天线前向链路载荷结构示例

直接辐射阵列 (DRA)： 在 DRA 方案中没有反射面，即天线本身就由馈电阵列代表。每个馈源用于在覆盖范围内生成完整的波束。因此，所需的 BFN 通常比 FAFR 解决方案更复杂，这是由于波束端口到馈电端口的全互连矩阵和高数量的馈电。然而，存在一些解决方案来最小化复杂性。例如，在给定孔径大小和 BFN 复杂度的情况下，已经开发了多种方案来最小化阵元数目[11,21,64]。

DRA 方案一个相当著名的例子是"太空之路"(spaceway) 天线，其中 DRA 可以产生 24 个波束 (12 个 LHCP + 12 个 RHCP)，利用一个完全敏捷的数字控制模拟 BFN。辐射单元的数量为 1500 个，因此 SSPA 的数量为 3000 个，并使用了方形孔径高效双极化喇叭辐射器。

另一个有趣的例子是即将安装在 Eutelsat 量子卫星上的接收 DRA [97] (图 2-15)。这种 Ku 波段双极化天线包含 84 个单元，在每个 X 和 Y 偏振方

图 2-15　Eutelsat 量子卫星上行链路 DRA

向上产生 4 个独立的柔性覆盖，集成的 LNA、衰减器、移相器、滤波器 (供电单元 (power supply unit，PSU)、集成控制单元 (integrated control unit，ICU)、热控、冗余) 等。

2.1.5 灵活的 HTS 载荷结构

对于使用大量点波束的下一代宽带卫星来说，在服务范围内灵活分配卫星载荷资源的能力已成为必需。实际上，过去和现在的宽带系统已经表明大型多波束 HTS 通常能够相当快地填满某些波束的容量，而另一些波束在卫星使用寿命的较长时间内 (几乎) 保持空闲状态。结果是热点区域 (填满的波束) 客户流失而空闲区域资源浪费，导致卫星运营商收入受损。卫星行业最近在支持载荷设备及灵活性的任务方向上采取了许多举措。海拉斯 (Hylas) 卫星[97] 和最近的量子 (quantum)[12] 就是两个例子。

为了正确表征宽带 HTS 系统的性能，依次定义如下：

(1) 容量需求是用户所要求的容量，它通常在地理上是不均匀的而且是时变的；

(2) 系统供给容量代表系统的最大容量，同时考虑了每个位置的无限容量需求；

(3) 系统可用容量是考虑到每个位置的实际容量需求而实际售出的容量；

(4) 系统未用容量是系统供给容量和系统可用容量之间的差；

(5) 未满足容量是容量需求和供给容量之差。

这些定义在图 2-16 中进行了图示说明，其中给出了一个具有三个波束的假设系统的例子。

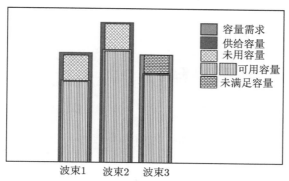

图 2-16　不同网络容量值的定义

灵活性的主要目标就是最小化未使用和未满足的容量。灵活性的引入有助于卫星运营商管理那些由于不可预测的变化 (如监管、竞争和社会经济环境) 所造成的风险。灵活性是指在卫星运行期间改变系统配置的能力。接下来，我们将重点关注 HTS 系统前向链路的灵活性, 因为它显然代表了决定运营商收入的最重要的链路。

已经有许多技术可以支持灵活性。除了覆盖上的灵活性 (这里不会明确说明), 以下是这些技术的列表: ① 跳波束 (beam hopping); ② 弹性带宽分配; ③ 弹性功率分配。

1. 跳波束

该技术正是弹性带宽分配技术的对偶, 即可以用频率代替时间来解释。事实上, 跳波束 (beam hopping, BH) 预见了由同一 HPA 服务的不同共信道波束被分配不同的时隙 (timeslots)。通过调制时隙的持续时间, 可以在不同的波束中达到不同的供给容量值。图 2-17 对此进行了示意性描述, 其中显示了在 SFPB 载荷结构中实现 BH 的可能架构, 它共实现了 8 个波束, 4 个 RHCP, 4 个 LHCP。位于 HPA 输出端的大功率开关与载波时隙分帧同步地从一掷转换到另一掷, 从而将正确的时隙路由到正确的天线馈源, 最终到达正确的波束。很明显, 必须在网关和载荷之间建立网络同步机制, 以便星上交换机能够在两个连续的时隙之间正确地转换。通过确保最邻近的波束在不同时刻被照亮或使用正交极化方向, 以保持系统共信道干扰处于较低水平。

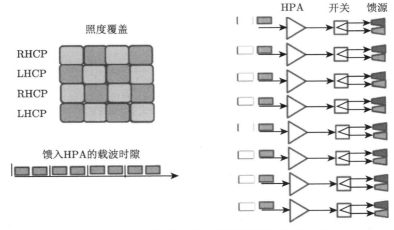

图 2-17　SFPB 结构中跳波束概念图示 (发射方向)

BH 技术的一个重要参数是开关掷数 (switch throwcount) S_c, 它定义每个开关极可以连接的位置数。连同 HPA 的数量 (N_{HPA}) 和波束数 (N_b), 代表了定义卫星网络性能的关键系统参数。现在让我们考虑图 2-18, 它描绘了在规则的 [图 2-18(a)] 和不规则的 [图 2-18(b)] 光照假设下的系统照度表 (system illumination table) 的示例。照度表的横轴表示与给定波束关联的光照周期 T_L 的分数, 而纵轴代表同时被照亮的波束数，用若干矩形表示。因此，同一行上的矩形表示被同一个 HPA 照射的波束，而一列中矩形的数量代表 HPA 的总数量。

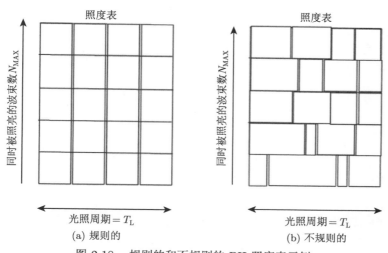

图 2-18　规则的和不规则的 BH 照度表示例

由此可知，总波束数可以写成 $N_b = S_c \cdot N_{\mathrm{HPA}}$。该方程给出了在给定开关掷数和板上 HPA 总数的情况下可以支持的波束数。不规则版本的照度表描述了在每波束可变业务请求下的波束时隙分配。要注意的是，如果不采取特定的系统对策，则可能会产生过多的共信道干扰，特别是当出现热点积聚 (高容量请求) 时。通常，分配给特定波束的时隙持续时间是给定时间量子 (time quantum) 的倍数，该时间量子可以与 DVB-S2x 超帧一样小 (见文献 [31] 的附录 E)。设计这样的分帧结构正是为了恰当地支持 BH 技术。其总体方案如图 2-19 所示，可以看到有若干连续的时隙与哑元符号 (dummy symbols) 保护时间交错，并在一定时间周期内按时间重复。该时间周期正是 BH 的光照时间，一般设定在数十毫秒左右。特定的值是在系统延迟/延迟抖动 (实际上，给定的波束在照明周期只获得一次流量) 和资源灵活性需求 (照度表中的时隙数越大，潜在的波束流量不平衡就越高) 之间权衡的结果。每个时隙都必须能使接收机在不利用先前时隙中的任何知识 (因为这些知识可能寻址到其他波束) 的情况下来解调/检测其内容。因此，辅助数据解调和检测的接收机信道估计功能必须在时隙内采取必要的方法，以在该时隙的持续时间内得出精确的信道估计 [幅度、定时、载波相位和频率、信噪比 (signal to noise ratio，SNR)]。这在文献 [31] 附录 E 中是通过头域符号 (header symbol) 和导频符号 (pilot symbol) 的适当分配来完成的，如图 2-20 所示。有关超帧及其应用的更多详细信息，参见文献 [31] 和 [32]。

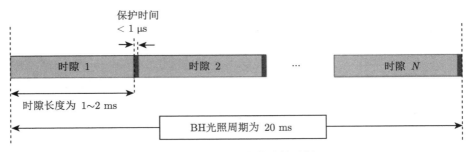

图 2-19　BH 要求的分帧示例

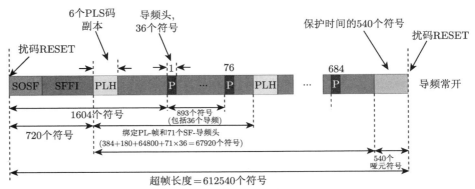

图 2-20　文献 [31] 中附录 E 支持跳波束的超帧格式

　　时隙之间的保护时间被设置得足够长,以允许载荷切换来照亮不同组的波束。此功能根据载荷结构以不同的方式执行。在 LL-BFN FAFR/DRA 结构中,一种可能的方法是像文献 [77] 那样改变 BFN 权重系数 (振幅和相位)。BFN 权重系数 (复数) $w_{i,j}$ 可以通过板上载波束权值处理器进行数字控制,该处理器根据 BH 照度表计算并将权重系数加载到 BFN 中。在其他结构 (如图 2-21 和图 2-22 中的 SFPB) 中,交换由一个大功率开关单元作为铁氧体开关来执行。该装置通常重几十克,由铁氧体交换控制单元 (ferrite switch control unit) 控制,根据所需的 BH 照度表指挥载荷开关的换向。

　　文献 [76] (图 2-23) 对 BH 概念提供了进一步的介绍。该概念利用 BH 将灵活性也扩展到前向链路和返回链路吞吐量之间的共享。最终,载荷由许多 "通路" (pathways) 组成,它们相当于经典的应答器 (transponder),但灵活地分配到前向链路或返回链路上。这种灵活性得到了 RX 和 TX 开关的支持,它们与跳表 (hopping table) 同步,在不同时刻将用户波束馈源或 GW 用户波束馈源连接到给定的通路。其结果是这些通路在前向链路和返回链路之间部分共享。

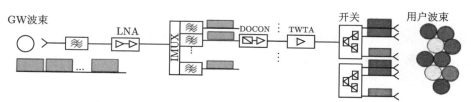

图 2-21 支持 BH 的前向链路 SFPB 载荷结构示例

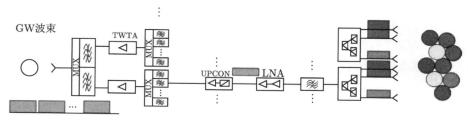

图 2-22 支持 BH 的返回链路 SFPB 载荷结构示例

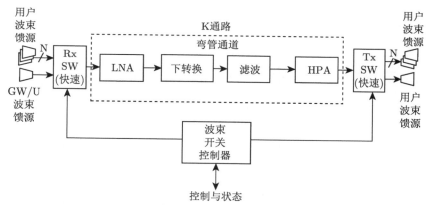

图 2-23 前向链路和返回链路基于 BH 的灵活容量分配方案

开关在每个位置上花费的时间占比决定了提供给每个波束的容量及提供给 FW 和 RT 链路方向的容量。为了支持这个方案，网关和用户必须共享相同的带宽 (可能是 HTS 的全部 Ka 波段配额) 及相同的天线波束图。

2. 弹性带宽分配

该技术在于根据相对容量需求调整分配给特定波束的频带数量。这样，分配给低要求波束的部分带宽被转移到高要求波束。这种方案有时称为"不规则频率重用"(irregular frequency re-use)，这是由于分配给每个波束的频带是可变的。因此，与 BH 类似，如果不采取特定的系统对策，则可能会产生过多的共信道干扰，特别是当存在热点集聚 (高容量请求) 时。该技术可通过以下概括的三种方法实现：使用高电平/低电平交换矩阵 (high level/low level switch matrix) 或有源天线 (DRA 或 LL-BFN FAFR)。

1) 高电平交换矩阵

不规则的频率重用可以通过以下方式实现：将同一个 TWTA 服务的两个波束的用户带宽不均匀地分割 (这是四色方案网络的典型配置)，然后将两部分带宽灵活地路由到不同的天线馈源 (图 2-24)。该方案的不足是，交换矩阵意味着 EIRP 损失及对载荷质量预算的相关影响。总的来说，这降低了卫星的整体吞吐量。此外，由于吞吐量灵活性的粒度取决于交换载波的带宽，因此，如果选用窄带载波，交换矩阵的复杂度可能会过高；而反之，资源灵活性的分辨率则可能无法满足目标要求。

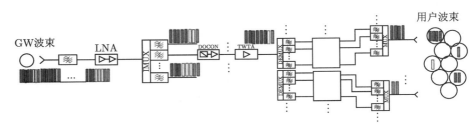

图 2-24　支持弹性带宽分配的前向链路 SFPB 载荷结构示例：高电平交换矩阵

2) 低电平交换矩阵

空客公司的通用柔性有效载荷 (generic flexible payload，GFP) [85] 很好地证明了使用低电平交换矩阵的方法，它包含许多关键模块。敏捷集成下变频组件 (agile integrated downconverter assembly，AIDA) 提供了从上行波束频率到 C 波段公共中频的灵活下变频。GFP 中的第二个设备是路由与交换设备 (routing and switching equipment，RASE)(低电平交换矩阵)。RASE 工作在 C 波段上行频率，并在上行和下行波束间提供灵活的连通性。模块的组合允许任何上行波束连接到任何下行波束。最后一种设备是单通道敏捷转换设备 (single channel agile converter equipment，SCACE)。SCACE 是一种提供完全灵活的信道化及信道放大的模拟处理器。SCACE 提供这样一种能力，来逐信道控制上行中心频率、下行中心频率 (频率转换)、信道带宽和信道增益，包括具有固定增益模式 (fixed gain model，FGM) 和自动电平控制 (automatic level control，ALC) 两个模式的全信道放大功能。

3) 有源天线 (DRA 或 LL-BFN FAFR)

最灵活的解决方案，至少原则上使用 DRA 或 LL-BFN FAFR 架构来灵活地分配不同的带宽到不同的波束 (图 2-25)。为此, 为了将代表灵活性粒度量子的载波作为输入, BFN 波束端口在数量上进行了扩展。如果有一个以上的载波量子 (如 N 个载波) 需要分配给指定的波束, 则设置 BFN 为相关的 N 个波束端口合成同一波束。因此, 弹性粒度是决定 DEMUX 和 BFN 复杂度的关键因素。不过, 输出部分不受弹性粒度选择的影响, 包括 EIRP 性能。

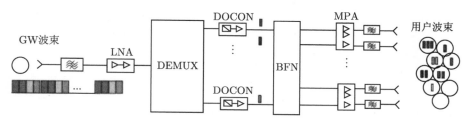

图 2-25　支持弹性带宽分配的前向链路载荷结构示例: 有源天线

3. 弹性功率分配

为了更好地匹配每个波束的容量需求, 一种可能的方法是在不同波束之间不均匀地分配总的载荷功率。较低功率分配给容量需求较低的波束, 而较高功率分配给热点。

这种方法可以通过 FlexTWTA 技术实现, 其中, TWTA 的饱和功率可根据放大后的载波所服务的波束的容量需求进行调整。通常, 改变阳极电压 (而集电极电压保持恒定), 会引起不同的阴极电流, 导致不同的行波管 (traveling wave tube, TWT) 增益和输出功率[51]。结果是这些设备的功率转换效率在 2~3 dB 的输出功率可变范围内几乎保持恒定, 而与之相反的是, 经典 TWTA 的效率随着回退 (back-off) 的作用下降得非常快。在一个 HPA 服务两个波束 (这是一种典型配置) 的情况下, 如果这两个波束具有相似的容量需求, 则该方法会发挥作用。或者, 如果两个波束具有不同的容量需求, 则通过抑制服务于低需求波束的部分或全部载波来实现从一个波束到另一个波束的功率转移。

实现弹性功率分配的另一种方法是利用多端口放大器 (multi-port amplifier, MPA)。MPA[71] 由并联的 n 个功率放大器阵列和一对由 900 个混合网络组成的互补的 $n \times n$ 巴特勒 (Butler) 矩阵网络构成[89]。一个 4×4 的 MPA 结构如图 2-26 所示。MPA 的每个输入信号被划分为 n 个具有特定相位关系的信号。这些信号在每个放大器中单独放大, 并在输出巴特勒矩阵中重新组合。这种放大架构的主要优点是提供了固有的功率灵活性, 因为功率是在信道之间共享的。所有功率放大器的组合功率可用于任何信道, 只要此时此刻其他信道不需要功率。如果考虑 MPA 操作是理想的, 这种功率灵活性的获得没有增加任何功率消耗。

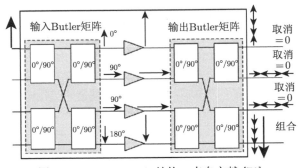

图 2-26 4 × 4 MPA 结构，来自文献 [71]

弹性功率分配的缺点是任何功率变化对提供的波束容量的影响本质上是有限的，这是由于香农 (Shannon) 容量函数 (频谱效率与功率) 固有的收益递减特性及系统内残余同信道干扰的存在。因此，功率灵活性常常与时间或带宽灵活性组合在一起。例如，可以考虑通过 MPA 实现 BH 和功率灵活性的前向链路载荷结构，如图 2-27所示。MPA 的存在允许载荷支持来自同一 MPA 的波束簇之间的一些吞吐量灵活性，从而扩展了载荷的弹性轮廓。

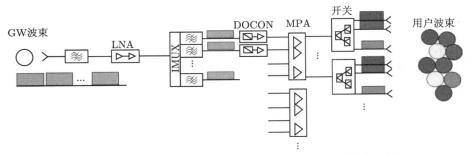

图 2-27 支持 BH 和 MPA 的前向链路 SFPB 载荷结构示例

2.1.6 研究挑战

1. 无线资源管理

近二十年来 (1997~2017 年)，卫星网络的资源分配问题一直是研究和标准化活动的中心。尽管到目前为止已为这项活动付出了巨大的努力，但是仍没有找到最终的解决方案；除非引入简化模型，因为有太多的变量在起作用。因此，经常借鉴如调度、随机背包 (stochastic knapsack) 和干扰缓解等更为经典的问题来重新考虑资源分配问题。再从历史上看，资源分配的目标一直是从地面段的角度出发，就像文献 [20] 从调度的角度解决该问题一样，将不同的调制编码 (ModCods) 方案分配给卫星波束。

另外，最近也开始从空间段的角度研究资源分配问题，这也是由于卫星载荷设计方面的最新进展，如文献 [9] 所述。换言之，最近几年已开发出更复杂的载荷[66]，足以应对每个波束所要求的容量在时间和地域上的变化。系统适配的成果是设计出了三种主要的载荷操作概念：跳波束 (beam-hopping)、弹性频率 (frequency-flexible) 和弹性功率 (power-flexible)。正如前面所指出的一样，第一种方法利用时隙化的光照窗口，根据业务量需求和天线辐射图来定义波束光照顺序和分配给每个波束的时隙数。第二种方法实际上是双重跳波束，因为它提供了频率上的灵活性，即它能够根据所提供的和所请求的业务量来分配带宽给波束。第三种方法不同的是工作在功率域，它允许根据所传送的业务量灵活地分配功率给波束。还需要注意到的是，功率和频率灵活性的设计概念可以合并在一起，以开发出更复杂的载荷。同样地，跳波束的概念也可以与功率灵活性地结合起来。

最后，必须指出的是，这三种选择对具体的载荷设计 (如 TWTA 的数量和载荷连接矩阵的结构) 及现有技术所施加的相关约束 (如质量和可用功率) 都有明显的重要影响。文献 [61]、[62] 研究了时间/波束分配问题，在假设无干扰贡献的简化设置中导出了最优资源分配的封闭形式解。此外，考虑了两种不同的效用函数，以便了解如何实现：① 匹配请求的比特率；② 最大化所有波束分配容量与请求容量之间比率的乘积。

此外，文献 [62]、[23] 还阐述了多波束相对于单波束卫星系统在不同性能指标上的优势。特别地，针对两个不同的目标函数导出了最优功率分配：一个促成吞吐量最大化，另一个与公平性有关。然而，这些研究忽略了干扰的影响，导致只能部分代表一个真正的系统。这种假设在文献 [24] 中是宽松的，它假设星上有一个相控阵列天线，并研究了呼叫接入控制方案。另外，文献 [13]、[87] 探讨了功率分配可能带来的好处，它考虑了两阶段次优算法用于求解非凸优化问题，协助部分阐明了功率分配与所提供业务量之间的关系。文献 [33] 对比了跳波束和柔性系统，研究了非均匀带宽分配的实现及大小可调波束的利用，以进一步提高柔性载荷系统的性能。最后，文献 [26] 提供了关于柔性载荷中带宽和功率分配潜力的更新研究，其中基于模拟退火开发了一种资源分配算法，以优化适合系统和用户 QoS 特征的目标函数。

2. 公开的问题

当需要与服务提供商和卫星运营商进行互动以紧密满足用户需求时，开放的研究问题涉及对卫星载荷功能的优化控制。从这个角度来看，当前的实践实际上是基于专有的解决方案或对整体 QoS 管理的有限支持。特别是，如果有一个标准化的协议接口，将使卫星运营商和服务提供商能够通过寻求匹配用户的请求来更有效地使用卫星容量。除了这个问题的技术复杂性 [由于目标函数非凸 (见文

献 [26]), 资源分配问题很难找到一个封闭的解析形式的最优解], 使用标准化的接口对于设计下一代卫星系统载荷将非常有帮助。为了克服这种可能的性能局限, ETSI SES (satellite earth stations and systems, 卫星地面站及系统) 领域卫星通信及导航 (satellite communication and navigation, SCN) 工作组一直在努力编写一份技术报告, 以收集不同卫星运营商的要求, 并详细说明标准化接口所提供的主要功能, 但该规范还有待工作组进一步讨论和工作。

2.2 非 GEO 卫星系统

2.2.1 星座

1. 传统的 LEO 系统

卫星星座并不新鲜; 早在 20 世纪 90 年代末, 它们就已经作为 GEO 卫星平台的一种可能的替代方案被提出, 旨在达到同样的覆盖水平, 只是有非常有限的延迟, 也由此可能成为地面网络的有效竞争者。然而历史显示, 尽管这种解决方案最初很有吸引力, 但其成功仅限于语音应用 (如铱星系统 Iridium[70]), 而且由于商业问题及从 2005 年开始 3G 技术提供的不断增加的服务, 很少有星座能最终稳定运行。为了提高对切换事件和可能的拥塞事件的鲁棒性, 一些星座还实现了星间链路 (inter-satellite links, ISL), 这就可以形成一个扩展 (宽带) 覆盖的空中网络。鉴于自由空间光学技术的吸引力与日俱增, 可以预见, 未来的星座可能将 ISL 建立在自由空间光学技术之上, 以便利用那里提供的超大数据速率。

星座可以实例化为具有独立内部组网操作的离散的 (互联网) 自治系统 (autonomous systems, AS) 或者星地一体化网络, 其中卫星和地面链路属于同一个域。在这两种情况下, 我们都注意到两种类型的卫星链路: 星座间链路和星座内链路。星座间 (inter-constellation) 链路连接地面站与星座, 从而允许地面网络与卫星网络之间的通信。星座内 (intra-constellation) 链路连接同一星座内的两颗卫星, 从而支持星座网络并提供备选的 (相对于地面网络) 全球无线路径。总之, 星座的主要目的是提高卫星通信的覆盖范围, 从而以多种优势补充地面链路, 包括缓解地面网络的业务负荷, 或者在地面基础设施缺失 (如服务不足的地区、船舶、飞机等) 或暂时不可用 (如在救灾行动期间) 时提供唯一可能的网络接入选择。

一个星座可以依赖 GEO、MEO 和 LEO 卫星, 它们根据高度和轨道的不同提供不同的优势。飞行高度是覆盖范围的关键因素, 因为更高的轨道可以观测到更宽的范围; 也是天线的能量需求的关键因素, 因为更长的通信链路需要更大的功率来对抗衰减。此外, 轨道平面影响卫星相对地面站的移动性, 进而影响星座内切换的频次和路由的复杂性。例如, GEO 卫星覆盖范围大, 能有效地减少构成全球范围星座的卫星数量; 三颗卫星就能提供全球覆盖 (尽管不包括极地地区)。此外，GEO 卫星是对地静止的，因此避免了移动性问题，并简化了星间切换和路由决策的操作。然而，由于海拔高，GEO 星座也会产生显著的传播延迟，这可能会对延迟敏感的应用产生一定的影响，并且可能对传输协议的性能提出挑战，如传输控制协议 (transmission control protocol，TCP)。

另外，LEO 和 MEO 星座是由在相对较低的高度以恒定高速绕地球运行的一组卫星构成的。因此，它们的主要优点是减小了通信延迟，降低了星-地通信的功率要求。但是 LEO 和一些 MEO [如 O3B (other 3 billion)] 卫星的主要挑战是网络协议新增的复杂性，这些协议要来寻址空中节点构成的移动网络。为了提供连续、快速和全球的通信，需要处理轨道平面、星间切换、路由策略的复杂方法。在本节的余下部分，主要讨论 MEO 和 LEO 星座。终端还应该有一个跟踪天线，从而使得整个系统及其所有参与者的设计和实现都相当复杂。

(1) 星座类型。大多数卫星星座是建立在覆盖街区 (street of coverage) 概念上的。覆盖街区 (图 2-28) 是指在同一平面内一起旋转的一组卫星，它们将通信传递给后续的卫星。多个覆盖街区被用来增强卫星星座的覆盖，从而提供连续和广泛的服务。

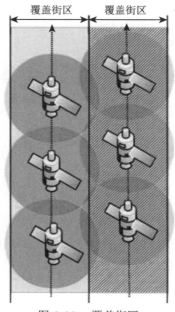

图 2-28　覆盖街区

覆盖街区是星型星座 (star constellation) 的基础；星型星座是一种简单而有效的可提供全球覆盖的卫星星座设计。在星型星座中 (图 2-29)，轨道面以恒定的角度倾斜，大致垂直于赤道，赤道被认为是参考面。轨道在两极重叠形成一个星型，这也是本方案命名的由来，并且在赤道附近分散达到最大。因此，根据轨道平面的方向地球被分成两个半球：在一个半球，卫星飞向北极；而在另一个半球，卫星飞离北极。每个半球轨道的同质性既是一种"恩赐"(gift)，也是一种"诅咒"(curse)，因为它方便了相邻覆盖街区之间的通信，但也挑战了两个方向相反的相邻轨道在"灰色"区域内的平面间通信。多普勒频移沿接缝显著增加，并挑战轨道内链路的运行，从而割裂了全球网络。网络划分使得星型星座中的路径选择变得复杂，并严重影响通信延迟。星型星座的第二个问题是本初子午线两侧的覆盖差异。如前面所述，覆盖街区在两极重叠，而在赤道分离最大，因此前者附近多颗卫星密布，而在后者卫星密度最小。多卫星重复覆盖有损资源利用率，但不会降低系统性能。另外，单卫星覆盖区域使得传输对障碍物 (如高层建筑) 敏感，从而降低通信质量。考虑到人类的大部分人口 (即通信的需求) 位于地球的中纬度，所以，覆盖分布是星型星座的一个关键设计参数。

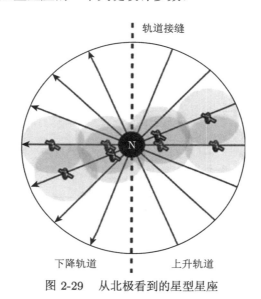

图 2-29   从北极看到的星型星座

箭头表示卫星轨道，即覆盖街区。只显示了两个覆盖街区

为了解决需求和覆盖不匹配的问题，引入了第二种星座，称为 Delta 或三角星座 (delta constellation) (图 2-30)。三角星座的覆盖街区以恒定的角度倾斜，在赤道处 (作为参考平面) 明显小于 90°，从而在极地提供最少 (如果有) 的覆盖，而在赤道附近提供最大分集。这个造型以希腊字母 Δ 来命名，因为当星座拥有最少的三个轨道平面时，轨道平面围绕极地会形成一个圆角三角形 (形如 Δ)。结果，朝向和远离北极的轨道是交叠的，而不是被疏远成不同的半球，因此提供了增大

的和连续的覆盖，且没有跨接缝的影响。然而，三角星座也表现出明显的弱点，如给星间通信带来了挑战。尽管中纬度地区的服务连续性有所增加，但与极地轨道的平面间链路相比，倾斜轨道上的卫星具有更高的相对速度和多普勒频移，因此不允许平面间联网。可以预见的是，卫星大部分作为中继在各自覆盖范围内提供服务，因此限制了其对地面网络流量负荷的缓解作用。

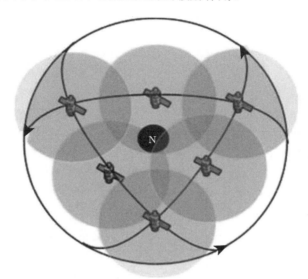

图 2-30　从北极看到的三角星座

箭头表示卫星轨道/覆盖街区

　　(2) 星间链路。卫星星座可以作为典型的网络图 (network graph) 来研究，其中顶点 (或卫星) 通过边 [或星间链路 (inter-satellite link，ISL)] 连接起来。ISL 可以利用自由空间光学技术 (如激光) 来建立通信，该技术能提供巨大的吞吐量，但也需要视距 (line-of-sight) 传播和精准的发射机-接收机的对准调整。基于这些需求，我们将 ISL 分为三类：平面内、平面间和接缝间。平面内 ISL 是最容易部署的类型，因为它们连接同一轨道平面内的卫星，在该轨道上，节点保持几乎固定的相对位置。因此，建立平面内 ISL 的主要要求是在每个覆盖街区上部署足够多的卫星，以便获得视距联系。平面间 ISL 连接沿同一方向运行的邻近轨道卫星 (只有星型星座支持)。这种 ISL 的部署比面内 ISL 具有更大的挑战性，因为相邻平面之间的距离在整个本初子午线上振荡。另外，根据飞行高度的不同，必须部署不同数量的轨道，以保证连续的视距连接。最后，接缝间 ISL 是最具挑战性的卫星链路，它们尝试跨越星型星座的接缝连接邻近的轨道。卫星的相对速度要求频繁切换，而增长的多普勒效应也往往使链路无法成功建立，从而使路由复杂化，并使星座的性能不稳定。ISL 的使用允许创建一个替代的全球通信 (和内容分发) 网络,它能够降低地面网络的业务负荷,减轻地面基础设施的成本,并减少星-地通信的频谱需求。尽管增加了传播延迟,但星座网络仍能够提供适合批量传输 (如视频流) 的高吞吐量分发通道,从而减轻地面网络的带宽需求。此外,星座内路由放宽了 “每颗卫星一个网关和终端” 的要求,因为地面站可以被所有的星座卫星共享,从而降低地面基础设施的部署和运营成本。最后,地面站的减少也降低了地球-卫星通信对无线电频谱的需求,从而避免了多个系统使用同一频谱时产生的干扰问题。

　　然而,即使没有 ISL,星座在降低复杂性和成本方面仍然具有一些优势。在没有 ISL 的情况下,一个或多个没有对等连接的卫星部署在同一地区上空,因而单独连接到地面站。于是,卫星工作在 “弯管”(bent pipe) 模式,它们的操作仅限于接收信号并重新发送信号到地面网关。这种方法将网络智能 (如路由) 保留在地面站中,从而降低了卫星上计算装置的复杂性。考虑到星座内路由的复杂性和卫星的长生命周期,该设计的简单性不容小觑。

　　(3) 星座网络。星座通常由相同的卫星组成,这些卫星可能配备一定数量的 ISL (图 2-31)。这个数量变化不定,而且可能会超过相邻卫星的数量;有些星座在两颗卫星之间引入多个 ISL,以增强连通性和吞吐量。不过,为了与相邻卫星通信,星座通常会部署四个 ISL:两个 ISL 分别连接轨道平面内的前一个卫星和后一个卫星,两个 ISL 与相邻平面上的卫星连接。因此,星座网的底层形式类似于双向曼哈顿网 (Manhattan network),主要区别有两点:首先,在全球范围内有两个曼哈顿网络,它们被轨道接缝 (orbital seam) 隔开;其次,ISL 由于轨道旋转表现出不同的延迟。这种变化可以是平缓的,由卫星穿越本初子午线的轨道运动引起;也可能是突然的,由地面站的切换引起。因此,卫星星座构成了一个不断变化的网络领域,挑战着基础网络功能 (如路由) 的效率。

　　2. 巨型星座

　　术语 “巨型星座”(Megaconstellations) 指的是新一波由 LEO 卫星星座组成的大型星座,它们在地面上提供无处不在的宽带连接。这些行动伴随着 20 世纪 90 年代 LEO 星座不太成功的浪潮。这里仅举几例,它们是 Teledesic[95]、Skybridge[93]、Celestri[80]、Iridium[70] 和 Globalstar[105]。这些系统中的大多数 (或许除了一些示范卫星) 从未走出设计阶段,当然还有铱星 (Iridium) 和全球星 (Globalstar),但它们在成功之前需先进入破产法第 11 章的破产保护和重组程序。近年来,出现一些新的挑战者,提出了部署数百甚至数千颗 LEO 卫星的新星座,即巨型星座。它们所遵循的商业和服务模式通常与 20 世纪 90 年代的先行者截然不同,正因如此,它们都宣称拥有光辉灿烂的未来。巨型星座的一些例子如 OneWeb[84]、LeoSat[28] 和 SpaceX[2],然而实际提议的星座数远超于此。这些星座的主要技术特征见表 2-1。

OneWeb (图 2-32) 和 LeoSat (图 2-33) 都有一些卫星的效果图。从这些图片中，可以有趣地注意到以下几点。

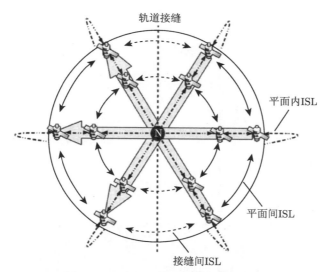

图 2-31 从北极看到的星型星座网络

箭头表示双向平面内 ISL、平面间 ISL 及接缝间 ISL

表 2-1 部分巨型星座系统特征概述

系统特征	巨型星座系统		
	OneWeb	LeoSat	SpaceX
卫星数和高度	648 (882 含备用) 1200 km	78～108 1400 km	4000 1100 km
卫星质量	150 kg	430 kg	100～500 kg
有效载荷	弯管，无 ISL，16 个 Ku 波段用户波束，Ka 波段馈源链路	10 个 Ka 波段可控用户天线，2 个 GW 可控天线，4 个光学 ISL	Ku 波段用户链路，Ka 波段 (24 GHz 以上)
市场	宽带、移动性	宽带、移动性	宽带、回传
标称总吞吐量	5 Tbit/s	8 Tbit/s	1 Tbit/s
延迟	20～30 ms	20～30 ms	50 ms
服务开始	2020 年	2020～2021 年	2020 年

(1) OneWeb 卫星 (将由空客公司制造) 使用 Ku 波段天线阵列产生一组 16 个用户波束，其独特形状如图 2-34所示。根据文献 [84]，每个波束包含一个 250 MHz 的前向链路载波和 6 个返回链路载波 (每个 20 MHz)。为了能在国际电信联盟规定的功率通量密度限制范围内最大限度地提高容量和可用性，波束的这种"威尼斯百叶窗"(Venetian Blind) 形状是必需的。

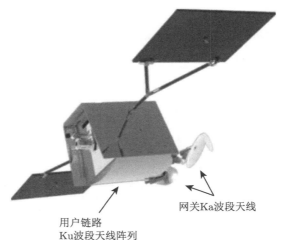

用户链路
Ku波段天线阵列　　　　　　　　网关Ka波段天线

图 2-32　OneWeb 卫星效果图[84]

图 2-33　LeoSat 卫星效果图[12]

　　(2) 由泰利斯·阿莱尼亚空间 (Thales Alenia Space) 公司开发的 LeoSat 卫星的效果图清楚地显示了 10 个 Ka 波段可控的用户链路天线和 2 个 GW 天线，外加 4 个光学终端，它们按照图 2-35 所示的模式连接整个卫星星座。

　　巨型星座的部署带来了许多具有挑战性的技术、商业、监管和运营问题。下面仅提及主要技术问题的一部分。

　　(1) 与重复使用同一 Ku 波段或 Ka 波段的 GEO 卫星间的干扰。由于重复使用了 GEO 电信卫星所使用的 Ku 波段或 Ka 波段的频率，一些巨型星座计划将不得不处理来自地球同步轨道中的广播和宽带卫星的干扰。一个简单的解决方案是关闭赤道周围的卫星。这种解决方案会导致一个相对大的无服务的地理区域，除非采取一些对策，如 OneWeb 的“渐进俯仰角”(progressive pitching) 技术[14]。

　　(2) 太空碎片。巨型星座计划有可能在近地轨道上产生大量额外的太空碎片。越来越多的碎片令人担忧，更多的碰撞会产生更多的碎片，从而可能产生连锁反应[43]。迄今为止，进一步的分析和讨论正在进行，以进一步了解这一问题并尽可能地减少它对空间环境的不利影响。

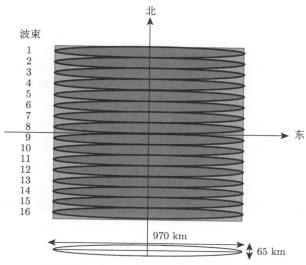

图 2-34　OneWeb 卫星用户链路波束[84]

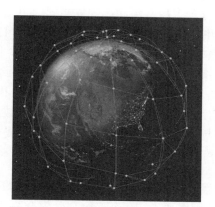

图 2-35　LeoSat 星座的 ISL 链路[2]

　　(3) 星座资源分配。由于其固有的全球覆盖，巨型星座给有实际业务需求地区的资源优化问题带来了额外的技术挑战。实际上，没有弹性手段 (flexibility means) 的星座可能会最终在很长一段时间内照亮没有业务量的区域，以至于限制了相关商业案例的效果。弹性手段可以从简单的选择性关闭未使用的卫星以延长电池寿命，到利用 ISL 来部分使用卫星子集作为中继，最后到更复杂的方法 (包括主动式星载天线与星载处理器)。

2.2.2   高空平台

高空平台 (high-altitude platform,HAP) 是携带通信中继并运行在 15～30 km 高度准静止位置的空中平台①。它们最初是作为成本高效 (cost-effective) 的卫星替代品引入的,但最近更多地被视为卫星网络的补充,主要用于提供便宜和敏捷的最后 1 英里 (1 英里 ≈ 1.6 千米) 解决方案。由于低空轨道和低成本部署 (与卫星相比),几种不同的飞行器都可以将 HAP 的概念实例化。例如,平台可以是有人值守或无人值守、系绳或不系绳的飞机或飞艇 (或气球)。HAP 的三个主要要求是稳定性、能效和便携性。飞行器在"飞行"期间必须表现出稳定性以维持光学链路,必须提高能效以提供长期服务,并且易于搬迁以适应多样的网络需求。HAP 最吸引人的优势源自其较低的飞行高度,既提供了足够的覆盖,同时又非常接近地面站。通信双方距离近意味着运行的成本效益,因为部署和维修成本更低,而且由于它们灵活而且易于快速搬迁,部署也会非常敏捷。再者,与卫星相比,HAP 通常能提供更高的通信性能,因为更短的对地链路带来更少的延迟和衰减 (更低的错误率)。此外,与卫星相比,HAP 的功耗更低,因为通过较小的天线即可建立通信链路。最后,HAP 的准静止运行不需要切换,因此避免了复杂的组网操作,如在移动过程中的动态路由和会话连续性等,这在 LEO 和 MEO 轨道卫星中都是比较典型的。总的来说,HAP 代表"覆盖-延迟"权衡中的一个特殊点;它们飞行高度远低于卫星,因此比预算相同的卫星能提供更高的容量和更低延迟的链路,但所提供的覆盖范围也相对有限。因此,HAP 被认为是解决"最后 1 英里"问题 (即直接交付到客户房屋) 的合适方法,因为它是面向人口众多地区的廉价宽带解决方案。例如,为了减轻地面网络的负荷或增强服务的可用性,HAP 被建议作为所覆盖城市的第二或后备链路。最后,HAP 的一个有前景的应用是在紧急情况下或灾后提供宽带连接,因为它比大多数地面天线能提供更大的覆盖范围,并且比卫星更容易重新定位或搬迁,从而能提供快速援助。

1. HAP 组网

由于单个 HAP 覆盖范围有限,因此需要合理数量的飞行器才能覆盖大的区域。多平台的运营 (如英国需要 5～10 个平台来确保全覆盖) 增加了部署成本和复杂性。因此,大多数的 HAP 实现都考虑一个空中平台在某一个区域的基础上提供服务,如补充该地区的蜂窝网络和卫星网络。不过,也有一些研究在讨论 HAP 星座来扩大其覆盖范围和/或容量。在第一种情况下,几个具有载荷交换能力的按区域分散部署的 HAP,利用平台间链路形成一个覆盖范围更广、显著独立于地面

---

① 如今,还有无人机或无人驾驶飞行器 (unmanned aerial vehicle, UAV) 可供考虑;它们可以扮演与 HAP 类似的角色,只是高度略低一些,而且通常会有不同的运动轨迹。人们可以想象无人机群在某些地区提供覆盖,或者跟随另一个移动平台 (如一艘大船),并包括卫星链路和无人机之间的链路。

基础设施的空中网络。此类网络的路由比卫星星座要简单得多，因为 HAP 是准静止的，也就提供了稳定的拓扑结构，并避免了对等 HAP 之间及 HAP 与地面站之间的频繁切换。在第二种情况下，在同一区域中部署了多个 HAP，以增强交付的容量。该配置提供了渐进式部署能力，这样使得系统可以利用空间识别方法来进行扩展。

2. HAP-SAT 一体化网络

HAP 与卫星网络的一体化是一个越来越热门的研究主题，它有望提高基于卫星的服务的质量。鉴于这一研究领域的新颖性，大多数研究并未深入到卫星和 HAP 星座的技术集成；相反，而是聚焦在下面三个抽象基础设施层的互操作性上：地面、HAP 和卫星。根据此方法，HAP 被认为是将卫星-地面下行链路分解为卫星-HAP 和 HAP-地面链路的无线中间步骤（对于地面-卫星上行链路也是如此）。根据 HAP 在地面-卫星链路中的位置和干预程度，可将 HAP-SAT 一体化称为是对称的或非对称的。在对称设计中（图 2-36），地面-卫星链路在上行链路和下行链路都被分为地面-HAP 和 HAP-SAT 两段，即来自卫星及来自地面站的流量都首先发送给 HAP。该方案引入了延迟和衰减都小得多的地面-HAP 链路，从而专门解决了卫星链路中最易出错的部分，即更接近地球的部分。在新的地面-HAP 链路中，自适应方法（如自适应调制、编码和成帧）比在传统的卫星链路中更有效，因为前者反馈信道的传播速度比后者快许多倍。类似地，当链路层错误恢复机制应用于更短的地面-HAP 链路时，它提供了更大的性能收益（如 TCP 的速率控制）。例如，HAP 可以通过实现自动重复请求（automatic repeat request，ARQ）协议来提升纠错能力，该协议利用地面-HAP 链路的较小延迟，从而可以更快地进行错误检测和重传。此外，利用卫星链路分段的优势，HAP 还可以托管一个性能增强代理（performance enhancing proxy，PEP），以便应用两个 TCP 连接来处理每个子链路的各个特征，从而增强其整体性能[①]。

在非对称设计中（图 2-37），HAP 仅分割卫星返回链路，即来自卫星的流量直接发送到地面站，但在相反的方向，它首先被发送到 HAP。这种设计与对称方法有一些相同的好处，如流量过滤：HAP 只将接收到的无错误的链路级分组转发给卫星，从而避免通过卫星的重传。进而，作为连接大量用户的卫星回程的"接入点"，因此，HAP 可以托管一个能够减少卫星链路上多余传输的缓存，从而节省卫星容量。非对称方案最适合的场景是假设有大量移动用户利用更快的返回信道作为接收者驱动通信（receiver-driven communication）的控制平面，同时通过卫星实现大数据量的传送，从而放宽了 HAP 段的容量要求。

---

① 关于无线链路上 TCP 性能的一般讨论，见文献 [107]。

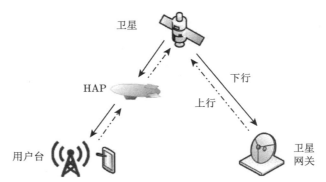

图 2-36   HAP-SAT 一体化的对称设计。(可选) 在卫星-网关链路上可利用第二个 HAP

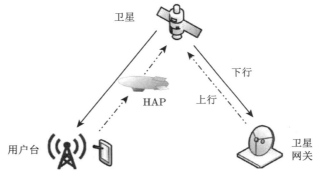

图 2-37   HAP-SAT 一体化的非对称设计。(可选) 在卫星-网关链路上可利用第二个 HAP

2.3   组 网 挑 战

复杂、多样且新颖的卫星拓扑和互连架构给组网技术带来了新的挑战，而组网技术大多是独立发展的，并不了解卫星有关的问题 (有一些明显的例外)。尽管一些卫星系统尤其是星座 (如铱星[70]) 被设计成独立于地面网络、封闭地运行 (实际上是为了要与它们竞争并挑战它们)，但我们坚信，只有卫星与地面网络一体化才能够提供切实的优势和机遇。然而，仍有各种挑战需要解决，下面我们将谈及。

2.3.1   TCP 性能

TCP 是当前互联网 (TCP/IP) 体系结构中占主导地位的传输协议。TCP 提供了发送方驱动的可靠传递和高容量利用率，同时还提供了网络拥塞控制。TCP 极其重要的就是其拥塞控制算法，它提供了快速和敏捷的拥塞检测和避免[49]功能。TCP 的拥塞控制引入了一种基于往返时间 (round-trip time，RTT) 的方法来估计可用的路径容量，它假定 RTT 的增加都是由拥塞路由器无法应对输入包的压倒性速率所造成的。因此，TCP 在数据及时交付时增加传输速率 (探测网络是否有额外的容量)，而在检测到延迟或丢包时则降低传输速率。RTT 的估计依赖于确认 (acknowledgment，ACK) 包，它们从接收方送回以报告数据段的成功传送。

尽管 TCP 是互联网中最广泛采用和研究的传输协议，但众所周知，其基于 RTT 的速率控制对于"长"和"宽"的路径 (如卫星链路) 来说，性能不佳。首先，TCP 传输速率的增加与通信延迟成反比，使得短路径比长路径能更快地"抓取"带宽。这个问题 (也称为 TCP 的公平性问题[60]) 在时延大的 MEO 和 GEO 星座中表现相当显著，因此限制了资源的利用。其次，TCP 假定数据丢失是链路饱和的征兆，因此为了防止拥塞崩溃，一旦检测到数据丢失将触发传输速率的降低。然而，卫星网络的错误率比有线网络高几个数量级，这可能是由许多运行状况 (移动性、阴影、天气条件等) 造成的，而不是链路饱和，从而 (降低传输速率) 导致不必要的性能下降。为了克服这些问题，已经提出了许多解决方案，如用于补偿高比特误码率的信道编码、不再基于 RTT 的特殊 TCP 变体及利用拓扑感知来增强传输层效率的性能增强代理[17]。信道编码引入了解决物理层或 MAC 层传播介质固有问题的方法。例如，第一类解决方案——前向纠错 (forward error correction，FEC) 在数据传输中引入了冗余，可用于在目的地重建或纠正丢失或损坏的包。虽然信道编码因其对传输层协议透明而吸引大多数卫星系统，但其效果与所增加的冗余大致成正比，因此必须消耗昂贵的资源才能克服卫星链路较高的误码率。第二类解决方案由卫星专用 TCP 变体组成，如 TCP Westwood[72] 和 TCP Peach+[8]，它们将速率控制与 RTT 解除绑定，以在长卫星链路中获得更高的吞吐量。这些设计的确提高了卫星链路的吞吐量，但却无法在地面网络中兑现这些收益。鉴于目前卫星网络在互联网上的渗透率很低，无法预见有线 TCP 变体会被卫星网络 TCP 变体普遍取代。一种备选的解决方案建议由终端用户根据对传输协议开放的路由智能 (如在传播路径中是否存在卫星链路) 动态地选择 TCP 变体。但是，IP 网络通常对通信端点隐藏路径的形成，因而使得这些方法不切实际。第三类解决方案是引入专用的网络实体，它们被放置在卫星网关和终端上，专门辅助 TCP 的性能，而无须终端用户处的修改。最流行的 PEP 利用它们的拓扑知识和技能，如欺骗 (spoofing) 和拆分 (spliting)[17]，从而将连接和速率控制分离为地面和卫星两部分。具体来说，TCP 欺骗通过向 TCP 发送方发送更早的"虚假"交付确认，人为地降低通信的 RTT。据此，发送方感知到了较低的延迟，这些延迟仅基于更快的用户-PEP 网络，从而更快地提高了传输速率。类似地，TCP 拆分通过将最初的端到端 TCP 连接分割为三个，而将卫星与地面网络隔开：两个在主机和网关之间，一个位于相应的网关之间 (包括卫星路径)。其中，第三个连接使用卫星 TCP 变体，它满足在主机上运行的有线 TCP 变体的吞吐量要求，从而克服了卫星瓶颈。PEP 在卫星网络中被广泛地采用，以提供高性能的通信而无须最终用户进行任何修改。尽管如此，PEP 也表现出需要解决的重大弱点。例如，欺骗和拆分破坏了 TCP 的语义，从而导致应用程序的互操作性问题。此外，由于真实 ACK 的传递会使 TCP 的速率控制失调，因此欺骗需要对称的通信。此外，拆分和欺骗均不适用于加密传输，而加密传输在当前全球流量中占据可观的份额，而且还在不断增加 (PEP 需要发送适当的 ACK，或者为相同的对象创建新的连接；因此需要访问 TCP 头部)。再者，PEP 构成了单点故障，相当多的工作在这里发生，为了将数据正确地传递到目的地。总而言之，尽管 PEP 是目前卫星 TCP 性能问题的最佳解决方案，但它们仍然存在很大的不足。

2.3.2 星地网络一体化

ISL 的部署有助于形成一个可以独立于地面基础设施或者与其形成互补的卫星网络。引入的网络既可以与 (地面) 互联网完全融合，也可以形成自主系统，无论是广义的，或者是狭义的技术上互联网的定义。在第一种情况下，卫星网络对于 (基于 IP 的地面) 网络是透明的，因此要求其支持地面协议 (如 RIP 和 IP 路由)。在第二种情况下，卫星网络形成一个独立的 AS，其运行外部路由协议的边缘网关使其能够与其他 AS 通信。与 AS 方法相比，一体化方案的主要优点是与地面网络的互操作性不那么复杂；卫星节点必须与经过充分研究和探索的地面技术相兼容。然而，倘若不考虑卫星网络的个别特性，例如，承认 GEO 的长时延和许多卫星链路的高误码率，一体化可能会导致性能不佳。另外，形成内部结构不透明的 AS 可以将卫星与地面网络分离，并且在某些情况下在性能方面有显著的提升。卫星网络的明确分离及对网络特性的认可，简化了网络特定协议 (如考虑延迟差异的路由协议) 的应用，提供了更高的性能。AS 方法的弱点在于，为了考虑 Internet 规模的转发表，必须为资源匮乏的卫星网络增加大量开销。转发目的地的数量与 Internet 域的数量成正比，因此质疑了传统 IP 框架内设计的可行性。

1. 路由

由于轨道运动及地面终端的切换，卫星星座构成一个不断变换、链路时延变化剧烈的网络空间。为了提高路由效率，研究人员提出了容忍不断变化的链路延迟的新颖算法。这些设计利用了网络队形的可预测性和周期性 (在一定时间后重复自身)，并在路径选择过程中引入不同的周期性路由阶段。例如，动态虚拟拓扑路由方法[104] 研究了持续的离散时间间隔 $[t_0 = 0, t_1]$, $[t_1, t_2]$, $\cdots$, $[t_{n-1}, t_n = T]$ 内的星座拓扑，其中，T 为周期，如此选取是为了：

(1) 在间隔 $[t_i, t_{i+1}]$ 内，拓扑可以建模为一个常量图 G_i，即只在 $t_0, t_1, \cdots,$ t_n 等离散时刻发生链路的激活与去活。

(2) 间隔 $[t_i, t_{i+1}]$ 足够小，以至于可以认为在该时间间隔内每个 ISL 的代价为常数。这些链路的成本可以根据输入的一个函数 (如卫星之间的距离、链路失活前的持续时间、地理位置或其他因素) 来计算。举个例子，对去活前保持时间短的高纬度 ISL 赋以更高的代价。

恰如预期，可以在每个周期内应用不同的路由策略和转发规则，以更好地适应不断变换的网络条件。例如，可以在地面站上预先计算好路径，然后在每个周期开始时上传至卫星。因此，星上可编程的网络接口成为必需，以支持转发规则的频繁更新。

2. 移动性

卫星在其平面上不断地穿梭，但由于频繁地与连续的卫星进行交接，星座与地球站的接缝是静止的。为了隐藏卫星的移动性，并建立星座与地面站之间的接口，引入了"虚拟节点"(virtual node) 的概念[74]。该方案旨在重新建立连接，并对路由协议隐藏移动性。

送达地面星座用户的信息 (如所使用的路由表和信道) 是与地球特定区域相关的状态。这种状态保持在一个相对于地球表面固定的位置，即一个"虚拟节点"。根据星座的拓扑结构，虚拟节点在任意给定时间都驻留在某一颗卫星上。进而，给定承载不同虚拟节点的卫星，可以创建一个根据星座的运动传输状态信息的虚拟信息网络。通过后面讨论的网络功能虚拟化 (network function virtualization, NFV)，可以很容易地支持和简化这一功能。

2.3.3 多网关 HTS 系统中的切换

与星地一体化网络密切相关的是多网关 HTS 系统对高级切换技术的需求。在这种情况下，馈电链路预计将在 EHF 频段甚至自由空间光学中运行，因此链路中断不会罕见。其结果就是网关切换过程及适当的频率再分配将成为提供服务连续性的必要条件。在这方面，必须特别注意对 QoS 的管理，因为切换过程本身引入的额外延迟及馈电链路从一个转移到另一个时造成的丢包，都可能对 QoS 产生严重的影响。更确切地说，前者反映的事实是重路由功能需要在"上游"的互联网路由器上实现的，因此，可能会由于应有的数据转发功能而带来一些延迟。显然，这种性能的损害也可能伴随有抖动的增加而出现，这在流媒体应用中是特别不希望看到的。

对于后者 (即丢包)，这些之所以会发生是因为预测馈源链路中断事件具有不可忽略的估计误差；因此，除非切换过程大幅提前启动，馈源链路切换期间都可能会发生丢包，最终导致卫星频道容量利用不足。而且，一旦由宕机网关管理的业务流全部由卫星网络的其他网关处理，之后也可能观察到丢包。这些丢包是由网络拥塞事件决定的，因为可能是馈源链路容量本身不足以容纳所有的业务流量。

这两点与整个 QoS 的管理都紧密相关，其设计到目前为止，科学界仅仅解决了部分问题。特别是文献 [82] 发展了一种理论框架来评估 HTS 系统的性能，其中网络编码策略被用于补偿可能的丢包。

　　另一个开放的研究点涉及同时使用多个馈源链路，以最大限度地减少切换中丢包的发生；或者在可以使用不止一个馈源链路将数据转发给用户时部署更高效的负载共享机制 (前提是用户可以从不同的卫星终端以不同的波束接收数据)。文献 [46] 初步探讨了这些情况，其中还考察了 MPTCP 与网络编码相结合的使用及相关的性能增益。关于 MPTCP 为卫星网络提供的潜力的更多细节将在第 3 章进一步探讨。

　　最后，值得注意的是，利用软件定义网络 (software defined networking，SDN) 和网络功能虚拟化的原理，对 HTS 馈源链路的正确控制为适用于整个卫星网络的编排 (orchestration) 概念打开了大门，这将在下面进一步阐述。特别是，文献 [16] 最早探讨了卫星网络的地面段实施 SDN 控制器的优势，并由文献 [79] 加以突出，并进一步强调了高效的协调机制对于 HTS 卫星系统中正常数据传送的必要性。

2.3.4　SDN/NFV

　　SDN 构建了一种用于实现路由、负载均衡等网络功能的新的架构范式。SDN 的特征在于支持敏捷网络管理的两个基本原则：首先，SDN 解耦了网络设备的控制平面和用户平面；其次，它在逻辑上集中了网络智能 (即控制平面)，从而抽象了底层网络基础设施 (并提高了应用优化的机会)。软件定义的组网建立在 SDN 交换机 (实现转发功能) 及 SDN 控制器 (承担路由决策) 的基础之上。具体来说，交换机通过控制平面接收由控制器生成的实时转发规则，并将这些规则应用于构成用户平面的输入流量。总体而言，众所周知，SDN 通过底层网络基础设施的抽象来促进可编程性，并简化管理的功能。NFV 是功能配置的一种新形式。NFV 的目标是将网络功能与专有硬件脱钩，使这些功能可以在通用的商品服务器、交换机和存储单元中运行，并部署在网络运营商的数据中心。与 SDN 不同，NFV 不一定会在网络功能中引入任何体系结构的更改；它体现了利用进程和节点虚拟化的架构概念，从而使功能与位置分离。然而，NFV 通常依赖于启用 SDN，SDN 实现一种过渡性网络结构的衔接，即它利用可编程的路由和转发来实现对动态功能配置的适配。例如，SDN 可以将用户平面的流量重新路由到虚拟防火墙的新位置。总而言之，NFV 和 SDN 的组合简化了网络管理，支持敏捷性和资源动态性，并通过在公共的计算、网络和存储资源池上编排多个虚拟功能的布局，提高了物理资源的利用率。因此，SDN 和 NFV 带来了如较低的运行费用 (operating expense，OPEX)、更大的灵活性 (即轻松地上下扩展网络资源) 及更简便的网络管理等收益。

　　SDN 和 NFV 有望增强卫星通信的性能，并以较低的资本性支出 (capital expenditure，CAPEX) 和 OPEX 成本提供卫星-地面网络的无缝集成。这是基

于 SDN/NFV 能够提供给"不可变的"(immutable) 卫星网络基础设施的灵活性，
这些基础设施已显示出昂贵且复杂的 (重新) 配置。接下来，我们将描述 SDN-
SAT 一体化网络的基础设施，然后讨论若干用例场景，用以说明上述收益。通常，
启用 SDN/NFV 的卫星网络将 SDN 交换机作为汇聚点的网关，并在每个汇聚
点上建立一个 SDN 控制器。SDN 控制器与卫星网络的网络管理中心 (network
management center，NMC) 和网络控制中心 (network control center，NCC) 合
并部署，接收用于汇聚点之间的路径配给和卫星终端配置的监控信息。最后，一
个启用 SDN 的骨干网常常被假定用于网关网络之间的互连。其总体设计概念如
图 2-38 所示。

图 2-38   启用 SDN/NFV 的卫星网络

(1) QoS 路由。QoS 路由通过设置与传播路径相关的可测量约束 (如延迟和
容量[22])，形成了提高网络性能的一种流行方法。例如，众所周知，IP 语音 (voice
over IP, VoIP) 和电话会议等时间关键型应用都对端到端延迟提出了苛刻的要求。
这就形成了一种区分服务 (DiffServ) 策略；根据这种策略，如果存在地面替代方
案时，网络运营商一定不会通过卫星链路为此类应用提供服务。利用 SDN (可提
供控制器集中决策路由)，网络运营商可以强制在卫星链路上提供非时间关键的流
服务，从而在不违反约定的 QoS 约束情况下减轻地面基础设施的负荷。流的表征
可以在网关的 SDN 交换机上完成，其中，IPv4 包头的服务类型 (type of service,
ToS)[83] 字段或 IPv6 包头中的流量类别 (traffic class，TC) 字段都可以来标记服
务或类别的单一需求，或者应用其他 (如隐式的) 分类技术。

(2) 服务连续性。卫星网络通常会由于区域天气干扰而造成性能下降。通过
将卫星流从有问题的汇聚点转移到不受天气状况影响的另一个地面站，可以解决
这些问题。可以预见，将活动流移交给不同的集结点会引发若干子问题，这些子
问题会增加转移的复杂性和成本，如 PEP 状态迁移、连接重建和重路由到新的
集结点等。SDN 可以提供地面站的高效切换，而无须服务重建。假设地面站启用

了 SDN，那么 SDN 控制器可以更新其流转发规则，从而将流量转移到新的集结点。此外，SDN 控制器还可以配置启用 SDN 的骨干网，从而将流量送回到最初的汇聚点，并限制在卫星网络内部的转移。最后一步是将与活动 TCP 连接有关的 PEP 状态传送给新的汇聚点，这个操作会相当简单，如果我们假定 PEP 是可以原子地迁移至任意可用硬件设备上的虚拟化功能。我们将在以下用例场景中进一步阐述 PEP 迁移。

(3) 中间盒虚拟化。中间盒 (middlebox) 是一种有用的网络设备，其部署是为了在流量上应用特定的功能或任务，并非简单的包转发。利用 NFV 和 SDN，组网中间盒 (如 PEP 和防火墙) 可以作为服务按需提供。仅仅依赖于可以从一台标准服务器迁移到另一台的软件，中间盒可以随时随地轻松部署，只需更新路由规划，以推送网络流量往返该功能的新位置。

PEP 是组网中间盒的典型实例，在卫星网络中非常流行。为了增强 TCP 性能，PEP 常常打破连接的端到端语义，并积极参与数据传输。因此，在 PEP 上维护着进行中的 TCP 连接的必要信息，这些信息确定了连接的状态及上下文。当卫星终端发生切换时，必须在新集结点的 PEP 上重建所有活动的 TCP 连接，这需要初始 PEP 的 (传送) 状态。沿着 NFV 范式的思路，PEP 并非作为专用的中间盒来实现的，而是可以在任何可用硬件设备上运行的软件。因此，假设可以适当地分配 PEP 功能，则可以将 "专用虚拟 PEP" 迁移到新的汇聚点上，从而继续执行相应的 TCP 优化。

(4) 增强虚拟网络运营商服务。通过暴露给二级运营商的编程接口 (一套超越简单网络管理协议 (simple network management protocol，SNMP) 功能的丰富指令集) 开放卫星通信设备，再结合网络虚拟化，这是实现以下目标的一种方法：① 实现更快的自动化服务供应过程；② 丰富服务目录；③ 启用 "卫星通信即服务" 的消费模式。通过将设备虚拟化应用于卫星网络运营商 (satellite network operator，SNO) 的卫星汇聚点，可以在每个卫星虚拟网络运营商 (satellite virtual network operator，SVNO) 的基础上分配虚拟集结点。通过隔离 (网络虚拟化的一个关键特性，适用于数据、控制和管理平面及性能和安全性) 带来的保证，SNO 可以将虚拟集结点的完全控制权和管理权委托给其客户 SVNO。因此，SVNO 可以在其卫星虚拟网络上独立执行自己的策略。下一步可以通过引入可编程性来实现，从而启用分配给 SVNO 的可编程虚拟汇聚点。可编程性可能涉及 SDN 提供的控制平面 (路由、转发和监视等)，从而允许 SVNO 设计自己定制的流量控制方案；也可能涉及数据平面，允许 SVNO 设计定制的包处理算法 (如 PEP、加密等)。这为 SVNO 提供服务的多样化和丰富化铺平了道路。

第 3 章　高通量卫星系统的组网方案

本章将探讨 MPTCP 和网络编码在那些基于卫星的场景中的应用；在这些场景中，有多条路径同时可用要求更复杂的路由和整体网络解决方案。此外，随机丢包事件的发生可能会降低系统的整体性能，因此应设想在物理层实现信道编码的基础上增加恢复功能。为此，还提出了使用网络编码的建议，并提供了有关网络编码适应特定场景的更多详细信息 (此处作为参考) 及一些性能结果。

3.1　MPTCP

3.1.1　多空口和多归属：定义、特征和实例

多归属是指将一台主机或一个计算机网络连接到多个网络，以便能够同时利用不同的路径到达同一服务器的能力。主机被分配了多个 IP 地址，每个供应商一个。多归属是当今异构无线网络中的一种常用方法，其中移动设备 (如智能手机、平板电脑等) 拥有多个接口和网络来接入互联网，如图 3-1 所示。同一设备在不同的网络 (如 WiFi 和 4G) 中使用不同的 IP 地址，从而利用由多径系统支持的固有的分集特性[110]。这就引出了显而易见的策略考虑：应该使用哪个接口及何时使用。这可能会产生问题及必然的非平滑转换，当给定的流量会话从使用一个接口迁移到另一个时 (垂直切换)。为了克服这些问题，多径方案的思想不是交替使用这些接口而是同时使用它们，以获得更好的性能。

图 3-1　一个源到一个终点的多径流示意图

这里我们感兴趣的是研究如何在传输层利用多径和多归属。对于经典的 TCP，每次能够使用一条路径：如果设备改变到达服务器的路径，例如，因 WiFi 连接不再可用而需要使用 4G 链路，则 TCP 会话将会中断。当 IP 地址在设备从一个覆盖区域移动到另一个覆盖区域过程中发生更改时，TCP 连接会被中止，并且只

有当连通性和新的 IP 地址可用时才能恢复。在这种情况下，断线时间对于某些应用来说可能是至关重要的，而且对于用户来说也是相当明显的。

新的传输层协议已经被定义，它们能够利用设备的多归属能力，同时使用多条路径向终端主机分发内容。传输层会话可以在任意给定时间内使用两个端点之间的多条路径，从而实现性能提升：每条路径都可以并行传输数据，并且可以避开拥塞的路径，从而优选更快的路径。会话也将更具鲁棒性 (robust)。例如，让我们考虑一个同时使用 WiFi 和蜂窝网络的视频流服务；如果该用户离开他/她的房子，则视频可以仅使用蜂窝连接而无缝地继续播放。总体上，我们期望多径协议能够在移动 IP 网络中协助执行切换。多径协议的其他可能应用场景是数据中心 (cloud networking，云组网)，其中许多服务器通过多个路径互连。如果数据传输协议能够开发多条路径的同时使用，就可以动态地适应路径的各种拥塞状况。

多路径 TCP (multi path TCP，MPTCP) 和流控传输协议 (stream control transmission protocol，SCTP) 是对 TCP 的重大修改，它们允许单个传输连接使用多条路径 [39,94]。但是，SCTP 不能同时使用两条路径 (只有通过添加 SCTP 的并发多径传输 (concurrent multipath transfer, CMT) 扩展，才可能真正支持不同路径上的负载均衡)，而 MPTCP 可以做到这一点，从而解决了上述问题。MPTCP 在前人著作中积累的经验基础上，进一步解决了与其他常规 TCP 流竞争时的公平性问题，以及由于当今互联网的中间盒而产生的部署问题。MPTCP 已经由互联网工程任务组 (internet engineering task force，IETF) 在多个 RFC 中标准化，稍后将对此进行详细说明。表 3-1 给出了不同多径协议的比较。从表 3-1 中我们可以看出，MPTCP 的主要优点是它采用了与 TCP 相同的接口：MPTCP 将自己作为经典 TCP 呈现给高层应用，这是该多径协议的独到之处。MPTCP 提供了与 TCP 一致的可靠的、有序的字节流传输，并且被设计为与应用程序和网络层全部向后兼容。然而，MPTCP 需要两个端点协议栈内部的支持 (它们需要一个经过修改的传输层来支持 MPTCP，这基本上需要对操作系统进行改动)。

表 3-1　多径协议对比

基本特性	MPTCP	SCTP	CMT-SCTP
与 TCP API[①] 的兼容性	是	否	否
与中间盒的兼容性	是	否	否
多径同时传输	是	否	是
数据传输的组织	面向字节	数据块	数据块

3.1.2　MPTCP 的基本特征

MPTCP 是 TCP 的演进，它有三个基本目标：① 它必须提供比 TCP 更高的

---

① 应用编程接口 (application programming interface, API)。

吞吐量；② 不占用不必要的资源；③ 尽可能从最拥挤的路径上分担更多的负荷。MPTCP 必须使用多条路径，通过将流量分割成多个子流来使资源利用最大化；这些路径可以并行传输数据，应该避开拥挤的路径而选择更好的路径。MPTCP 通过终端主机上的多个 IP 地址来标识多个路径。

MPTCP 管理子流的使用 (子流的激活、子流的断开等)、子流 (及相关的路径) 之间的流量调度及将数据包送到应用程序之前在目的地的重新排序。

MPTCP 启动一个会话，激活一条端到端的路径 (主路径)。如果有额外的路径可用，则在这些路径上创建 MPTCP 子流，并与现有的会话组合在一起，在两端的应用层继续作为单一连接出现[15]。所生成的每个子流都像普通的 TCP 流一样工作，拥有它自己的拥塞窗口和相关的状态变量。在 MPTCP 层上，已经设想了适当的拥塞控制方案，用来控制和平衡路径上拥塞窗口 (congestion windows，cwnd) 的增长，以处理拥塞、往返时间 (round-trip time，RTT) 的差异等问题。稍后我们将讨论这些方案。接收端只有一个全局的接收者窗口供所有已建立的子流集合共享。

MPTCP 使用一个流级序列号和一个子流级序列号。这两个序列号通过 TCP 选项 (TCP options) 内嵌在每个发送的数据包中，它们之间存在着一个映射关系；这些选项位于 (MP)TCP 包头的末尾。这种机制允许在不同子流上发送的数据段在接收端的 MPTCP 层 (套接字的重排序缓冲区) 正确地重新排序。有人认为可以考虑在子流级别上采用选择性确认 (selective acknowledgment，SACK) 来实现更好的效率。一种基于子流的超时重传 (retransmission time out，RTO) 机制被用来恢复那些常规 TCP 快速重传/快速恢复 (fast retransmit/fast recovery) 不能处理的拥塞事件。MPTCP 栈如图 3-2 所示。

如果在 MPTCP 会话的生命周期内，一个接口 (及相应的路径) 消失了，受影响的主机将宣布该事件，于是对端可以删除与此地址相关的子流。

MPTCP 的设计受到许多需求的影响，特别是必须实现与应用层和网络层的兼容，如下所述：

(1) 应用层兼容性意味着现在运行在 TCP 之上的应用程序不需要进行任何更改就可以在 MPTCP 之上继续工作。这意味着 (如前面所示) 它使用与 TCP 相同的 API。

(2) 网络层兼容性意味着 MPTCP 必须运行在 TCP 运行的任何互联网路径上 (前提是终端主机能够支持它)。目前互联网上的许多路径都包含中间盒，下面将详细说明。与 IP 路由器不同，中间盒工作在传输层，可以使用和修改连接的某些 TCP 头域 (header fields)。下面将进一步讨论中间盒的影响。

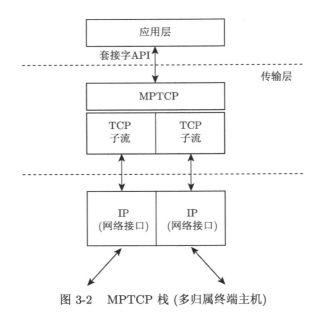

图 3-2   MPTCP 栈 (多归属终端主机)

3.1.3   中间盒的影响

在传统的互联网架构中，网络设备运行在网络层或更低层，而网络层之上各层仅用于终端主机。如今，这种分层的概念和界线已不再反映现实，因为我们网络中的中间盒数量已激增：中间设备穿插在传输层工作，有时甚至完全终止传输连接，从而使应用层成为唯一真正端到端的协议层。

网络兼容性的目标要求 TCP 的多径扩展与当今的互联网兼容，以便 MPTCP 子流可以穿越主要的中间盒，如防火墙、网络地址翻译器 (network address translator，NAT)、性能增强代理 (performance-enhancing proxie，PEP)、内容引擎、流化器 (streamer) 等。图 3-3 给出了一张描述多种中间盒类型的图片。

中间盒是对经过它们的网络流量施加某种约束或转换 (即包头修改) 的路由器。NAT 盒子将整个网络隐藏在一个改变连接的 IP 地址和端口的转换层之后。一些盒子 (如 PEP) 会在穿过的数据到达真正目的地之前就对其进行确认，以提高有效吞吐量。有些路由器会丢弃带有未知选项的数据包。此外，防火墙会杀死序列号流中存在漏洞的连接。潜在问题的清单相当长。除了上述问题，如果我们想采用一种全新的传输层协议，我们会发现它的数据包无法穿过互联网。大量路由基础设施都假定 TCP 和用户数据报协议 (user datagram protocol，UDP) 是唯一可能的传输层协议；其他任何协议都不太可能正常工作。

挑战在于如何为 MPTCP 设计能够安全地穿越中间盒的 TCP 扩展。为了使中间盒对 MPTCP 尽可能透明，采用的方法是通过 TCP 选项[40] (TCP 包头中

一个变长的可选字段) 来传输 MPTCP 开销。MPTCP 选项的种类 ("kind") 值为
30 [由互联网号码分配局 (Internet Assigned Numbers Authority, IANA) 预留],
长度 ("length") 值可变; 其余内容以一个 4 比特的子类型 ("subtype") 字段开头,
IANA 在 TCP 参数 ("TCP parameters") 注册表下为其维护一个名为 MPTCP
选项子类型 ("MPTCP option subtypes") 的子注册表。所定义的子类型字段如
表 3-2 所示, 参见 RFC 6824[40]。图 3-4 显示了一个典型的 TCP 选项, 称为数据
序列信号 (data sequence signal, DSS) 选项, 用于描述数据 ACK 和数据序列号
映射。

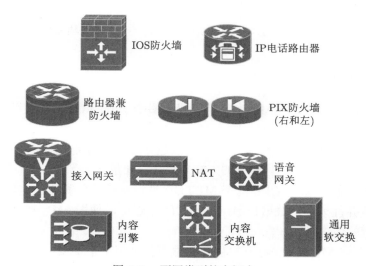

图 3-3　不同类型的中间盒

表 3-2　MPTCP 选项使用的子类型 (前缀 0x 用于十六进制表示的数字常量)

值	选项标识	选项名称
0x0	MP_CAPABLE	多径支持
0x1	MP_JOIN	加入连接
0x2	DSS	数据序列信号 (数据 ACK 与数据序列映射)
0x3	ADD_ADDR	添加地址
0x4	REMOVE_ADDR	移除地址
0x5	MP_PRIO	更改子流优先级
0x6	MP_FAIL	回落 (Fallback)
0x7	MP_FASTCLOSE	快速关闭
0xf	(PRIVATE)	受控测试床内专用

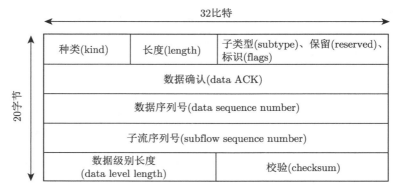

图 3-4　MPTCP DSS 选项，表 3-2 中的选项之一 (每个选项都有自己的格式)

3.1.4　子流与 MPTCP 的组合

MPTCP 允许为一个 MPTCP 会话设置多个子流。MPTCP 有以下几种不同的操作模式。

(1) 原生 MPTCP：两个 MPTCP 端点建立并使用与可用地址/端口号对应的所有子流。该模式通过池化资源的方式来提高吞吐量。

(2) 活跃/备份 MPTCP：两个 MPTCP 端点激活多个子流，但实际上只有一部分子流被并行地用于数据传输。MPTCP 端点可以使用 MP_PRIO 信号来更改每个子流的优先级。

(3) 单子流 MPTCP：两个 MPTCP 端点只使用一个子流；当发现故障时，会再激活另一个子流，以便使流量通过新激活的子流转发。

一个 MPTCP 会话从一个初始子流 (主子流) 开始，这与常规的 TCP 连接类似。在第一个 MPTCP 子流建立之后，就可以激活附加的子流。每个附加的子流都类似于常规的 TCP 连接，使用 SYN 握手和 FIN 拆除。所有子流都绑定到已有的 MPTCP 会话中，而不是单独的 TCP 连接。然后，该连接的数据可以在任何一个具有足够容量接受它们的活跃子流上发送。决定下一个包使用哪个子流是 MPTCP 层调度器的功能。调度器要决定通过每个子流必须发送多少数据。根据操作系统的不同，可以有不同的选择。例如，我们可以考虑一个轮询 (round robin) 调度器或者一个与每条路径 RTT 值相关的调度器。MPTCP 调度器还必须处理粒度分配：基本上，调度器决定哪些子流来服务，并通过比较子流的拥塞窗口和当前接收窗口的值来核准可以发送多少数据。

应用程序在任何时候都不必在意哪个路径及相关子流具有最佳性能；MPTCP 会为它处理这个事情，并尝试优先考虑性能更好的子流。MPTCP 可以在两个端点都是多归属时工作 (这种情况下，所有的 IP 地址对之间都会打开更多的子流)，甚至在两个端点都是单归属时也可以工作 (不同的子流使用不同的端口号, 并通过网络多径路由进行不同的路由)。

让我们考虑一个 MPTCP 连接的建立过程。假设一个多归属终端主机选择它的 WiFi 接口来打开连接, 该设备向服务器发送一个 SYN 段 (segment) 来启动三次握手过程。与传统的三次握手唯一不同的是该 SYN 段包含用以显示我们的设备支持 MPTCP 的 TCP 选项 MP_CAPABLE。这个选项还包含一个由我们的设备选择的 64 位加密密钥。如果该接收服务器支持 MPTCP, 它将在 SYN-ACK 应答中也加上 MP_CAPABLE 的 TCP 选项及其密钥。这是唯一一次以明文方式发送这些密钥; 未来的子流将通过 32 位 "令牌" ("tokens") 来标识这个连接, 发送方和接收方通过上述密钥的加密哈希函数来获得这些令牌。我们的设备通过发送一个 ACK 段 (它也必须携带 MP_CAPABLE 选项) 来完成握手阶段, 这样就建立了多径会话的第一条 (主) 路径: 客户端和服务器可以通过这个 WiFi 接入来交换 TCP 数据段。MP_CAPABLE 握手中的密钥交换允许定义令牌, 用于在添加新的子流时 (假设存在多个可用接口) 对端点进行身份认证。通过向目的地的一个新接口发送一个带有 MP_JOIN 选项并使用该目的地令牌的 SYN 包, 可以添加另一条路径的新的子流。这对于哪个 MPTCP 会话必须被加入至关重要。

我们通过 WiFi 连接的设备已经可以通过第二个接口发送一些包了; 然而, 大多数 ISP 会丢弃这些包, 因为它们会拥有另一个网络 (即 WiFi 网络) 的源 IP 地址。防火墙和类似的中间盒都希望在接纳数据包之前首先看到一个 SYN 包。于是, 唯一可能的解决方案是在发送任何数据包之前在这条新路径上执行一次完整的 SYN 握手; 这正是 MPTCP 所采纳的方法, 需要有一个三方握手阶段来激活每条路径。

MPTCP 的一个重要特征是与 MPTCP 连接关联的子流的集合不是固定不变的, 这对于智能手机尤其有用。在 MPTCP 连接的整个生命周期内, 子流都可以动态地添加和删除, 而不影响传输的字节流。MPTCP 还实现了添加和删除新 IP 地址的机制, 即使端点位于 NAT 后面。如果智能手机连接到另一个 WiFi 网络, 它将收到一个新的 IP 地址。此时, 它将使用新分配的 IP 地址打开一个新的子流, 并告诉服务器它的旧地址不再有效。服务器现在将只向新地址发送数据。这些选项可以帮助智能手机在不同的无线连接中移动而不停止它的 MPTCP 连接。

MPTCP 发送的每个段都有两个序列号: 常规 TCP 包头内的子流序列号 (sub-flow sequence number, SSN) 和 TCP 选项内的附加 (全局级) 数据序列号 (data sequence number, DSN)。这种解决方案确保在任何给定子流上发送的报文段具有连续的序列号, 并且与中间盒没有冲突。于是 MPTCP 可以在一条路径上发送一些数据序列号, 同时在另一条路径上发送其余的数据序列号; 旧的中间盒将忽略 DSN 选项，该选项将被用在接收端的 MPTCP 层，在字节流被发送到接收端应用程序之前，对其重新排序。通过使用 DSS 选项的数据序列映射组件，可以定义从 SSN 到 DSN 的映射，从而重新组装整个数据流 (按顺序将其传递到应用层)。

　　MPTCP 提供了一个连接级的确认，作为该连接整体的一个累积的 ACK (按顺序成功接收到的数据)。这就是基于 DSN 的 DSS 选项中的数据确认 ("data ACK") 字段 (参见图 3-4)。而子流级的 ACK 是基于 SSN 的，考虑到子流级的数据流可能存在漏洞，其作用类似于 TCP SACK。

3.1.5　MPTCP 拥塞控制方案

　　MPTCP 是对经典 TCP 的扩展，它允许用户将其流量分散到可能不相干的路径上。MPTCP 发现用户可用的路径，然后建立起这些路径，并通过单独的子流在这些路径上分配流量。应该设计具有多径功能的流，以使它们的流量负载从拥塞的路径转移到未拥塞的路径，以便更好地利用互联网的容量。实际上，多径拥塞控制意味着发送方执行一项通常与路由相关联的任务，即将流量转移到能避免拥塞的路径上。MPTCP 拥塞控制的三个设计目标如下所示。

　　(1) 设计目标 1：公平对待常规的单路 TCP 流。

　　(2) 设计目标 2：MPTCP 应该有效地利用所有路径 (优化总吞吐量)。

　　(3) 设计目标 3：性能 (至少) 跟单路 TCP 一样好。

　　MPTCP 允许资源池化，这意味着它允许聚合不同路径的资源来提高有效吞吐量。在行之有效的资源池化方案中，我们应该首选那些根据路径拥塞程度在子流之间实现流量平衡的解决方案；这是为了均衡各路径之间的流量负载。

　　MPTCP 拥塞控制算法必须在路径间业务流的最佳负载均衡 (避免流量的振荡，也称为抖动) 和响应性 (即当拥塞程度发生变化时迅速做出反应的能力) 之间实现一个权衡[88]。假设有两条路径只是特性不同 (如不同的 RTT)，两种极端情况是：① 我们只在最佳路径上发送流量；② 两条路径的拥塞控制方案表现得像单个独立的 TCP 流 (在这种情况下，由于两个流的数据包必须在接收端的 MPTCP 层重新排序，因此较慢的流也将拖延另一个流的数据包：两条路径中最差的那条决定了性能)。为了研究所有可能的拥塞控制情况，包括上述两种极端情况，采用一个参数 $\varepsilon = [0, 2]$，其中，$\varepsilon = 0$ 对应于第一种情况 (也称为最佳负载均衡的完全耦合算法[54])；$\varepsilon = 2$ 对应于第二种情况 (也称为非耦合 TCP 流，因为没有尝试去平衡路径间的流量负载)。有趣的是去找到一个中间最优的 ε 值，结合两条路径的拥塞控制，并提高总的有效吞吐量。图 3-5 展示了使用不同 ε 值的结果：总的来说，较小的 ε 值可以在路径间获得更好的流量负载均衡，使流量远离拥塞；相反，较大的 ε 值可以实现更好的响应性。

图 3-5 负载均衡 (即在路径中均衡 MPTCP 有效吞吐量) 与响应性 (即快速适应可用容量变化的能力)

令 w_r 和 RTT_r 分别为路径 $r \in R_u$ 的 cwnd 和估计的 RTT, 其中, R_u 是用户 u 所有可用路径的集合。我们用 l_r 表示路径 r 上观察到的最后两个丢包之间发送字节数的平滑估计。请注意, $1/l_r$ 可以看作路径 r 上损失概率的估计值, 即 p_r [57]。

其思想是将不同路径上拥塞窗口 w_r 增长的法则相互关联起来, 以避免 MPTCP 流对其他 (经典的) TCP 流不公平。通用的基于参数 ε 的 "半耦合" 拥塞控制方案可表述如下 (参考 TCP NewReno 的拥塞避免阶段 [106])。

(1) 子流 r 上每收到一个 ACK, 拥塞窗口 w_r 按如下方式更新:

$$w_r = w_r + \frac{a^{2-\varepsilon} w_r^{1-\varepsilon}}{w_{\mathrm{total}}^{2-\varepsilon}} \qquad (3.1)$$

(2) 对于子流 r 上的每一次丢失, w_r 按如下方式减小:

$$w_r = w_r - \frac{w_r}{b} \qquad (3.2)$$

式 (3.1) 和式 (3.2) 中, 参数 a 和 b 是可以设置的参数, 可以模仿经典的单路 TCP 的行为 (即 $a = 1$ 和 $b = 2$), 其中

$$w_{\mathrm{total}} = \sum_{r \in R_u} w_r \qquad (3.3)$$

该拥塞控制算法背后的思想是在路径 r 上以一个与 $p_r^{-\frac{1}{\varepsilon}}$ 成比例的速率发包, 其中 p_r 是该路径上的丢包率 [106]。

对丢包的反应并不依赖于 ε, 并且因此对所有情况都是如此。TCP NewReno 基本上使用 $b = 2$。下面让我们考虑不同情况下对 ACK 的反应。我们有兴趣在 $[0, 2]$ 范围内选择一个 ε, 看看是否有可能同时实现资源池化和流量均衡。当 ε 从 2 减少到 0 时, MPTCP 流的吞吐量会减少。

$\varepsilon = 0$ 的情况对应于完全耦合算法: 流量只在最佳路径上发送。采用完全耦合算法的拥塞控制方案如下所示。

对子流 r 上的每个 ACK, 拥塞窗口 w_r 按如下方式更新:

$$w_r = w_r + \frac{a^2 w_r}{w_{\mathrm{total}}^2} \qquad (3.4)$$

受文献 [54] 启发的耦合拥塞控制器，在所有路径都具有相似 RTT 的静态网络中实现了最优的负载均衡。然而，在实践中，该算法反应不够敏捷 (它无法在动态设置中检测到空闲容量)，而且存在“抖动”(当有多条损失率相近的好路径时，它会在它们之间随机翻转流量)。耦合将流量从更拥挤的路径上移开，直到这些路径上的损失率相等。但是损失永远不会完全相同，因此流量会在两条路径之间随机振荡。

$\varepsilon = 2$ 的情况对应于在每个路径上使用非耦合 TCP 流。采用非耦合算法，每个子流的拥塞窗口的行为类似于单个标准 TCP 连接。非耦合情况下的拥塞控制方案描述如下所示。

对子流 r 上的每个 ACK，拥塞窗口 w_r 按如下方式更新：

$$w_r = w_r + \frac{1}{w_r} \tag{3.5}$$

使用该算法减少了振荡，但它没有平衡子流之间的拥塞：该算法并不能很好地将流量从拥塞的路径上移开。

中间情况 $\varepsilon = 1$ 对应于关联增长算法 (linked-increases algorithm，LIA)，它避免了抖动 (在完全耦合的情况下会发生)，并在最优资源池化和响应性之间实现折中。LIA 原理如下所示。

对子流 r 上的每个 ACK，拥塞窗口 w_r 按如下方式更新：

$$w_r = w_r + \frac{a}{w_{\text{total}}} \tag{3.6}$$

LIA 给路径 r 分配一个窗口 w_r，与损失概率的倒数 $(1/p_r)$ 成正比，所以总的 MPTCP 吞吐量等于常规 TCP 用户在最好路径上能获得的速率，即 $\max\limits_{r \in R_u} \left\{ \sqrt{\dfrac{2}{p_r}} \times \dfrac{1}{\text{RTT}_r} \right\}$ [106]。参数 a 控制着增加 cwnd 的积极程度，因此它控制着总体吞吐量。对 a 的优化选择基于公平性要求 (即提高吞吐量、不造成伤害及平衡拥塞)。根据文献 [88]，LIA 的参数 a 的设计是为了实现 MPTCP 总吞吐量等于运行在最佳路径上的单个 TCP 流的吞吐量。那么，参数 a 为 [54]

$$a = w_{\text{total}} \frac{\max\limits_{r \in R_u} \left\{ \dfrac{w_r}{\text{RTT}_r^2} \right\}}{\left(\sum\limits_{r \in R_u} \dfrac{w_r}{\text{RTT}_r} \right)^2} \tag{3.7}$$

显然，这个 a 的公式要求拥塞控制方案利用时间戳的方式对不同路径采用 RTT 测量。

LIA 的一种变体已经被定义，其中 cwnd 的增量是通过取最小值来控制的。这种新的拥塞控制方案称为 "RTT 补偿器"：

$$w_r = w_r + \min\left\{\frac{a}{w_{\text{total}}}, \frac{1}{w_r}\right\} \tag{3.8}$$

cwnd 的增量中已经包含了最小值，因此该增量不可能大于非耦合的情况下 (独立 TCP 流) 的增量值。当路径具有不平衡 RTT 时，最小值是有用的。然后，结合式 (3.7) 和式 (3.8)，我们得到 LIA-RTT 补偿器算法下收到每个 ACK 时增加 cwnd 的规则：

$$w_r = w_r + \min\left\{\frac{\max_{r \in R_u}\left\{\dfrac{w_r}{\text{RTT}_r^2}\right\}}{\left(\displaystyle\sum_{r \in R_u}\dfrac{w_r}{\text{RTT}_r}\right)^2}, \frac{1}{w_r}\right\} \tag{3.9}$$

我们已经看到 MPTCP 响应速度不快 (它无法检测动态条件下的空闲容量)，并且非常不稳定 (MPTCP 会在一段时间内几乎只使用一条路径，接着转换到另一条路径，然后重复)。解决这些问题的方法是使用 RFC 6356 中定义的 LIA 算法。该算法提高了吞吐量 (使用 LIA 的 MPTCP 总吞吐量优于 TCP 在最佳路径上的吞吐量)。而且，LIA 并不比单个 TCP 连接更激进。然而，LIA 在平衡路径间的拥塞方面表现不佳[55,56]。此外，将部分 TCP 用户升级到 MPTCP 可能会降低经典 TCP 用户的吞吐量，而对升级后的用户没有任何好处。当单路径和多径用户共享资源时，MPTCP 也可能对 TCP 用户过于具有侵略性。这意味着 LIA 不是帕累托最优 (Pareto-optimal)。为了同时提供响应性和负载均衡，我们需要新的拥塞控制方案，称为机会 LIA (opportunistic-LIA，OLIA)。LIA 实现了响应性和负载均衡之间的权衡。相反，OLIA 同时提供了响应性和负载均衡[57]。

OLIA 调整 cwnd 的增量作为下面这些变量的函数：① 自上次丢失以来发送的字节数，使其具有响应性且不抖动；② 各条路径的 RTT，以补偿不同的 RTT。OLIA 已在 Linux 内核 3.0.0 中实现。如果两条路径具有相似的特征，那么 OLIA 就会同时使用它们 (非跳动性)；相反，如果第二条路径拥塞，OLIA 就只使用第一条路径。因此，OLIA 满足了 LIA 在 RFC 6356 中规定的设计目标 (即提高吞吐量、不损害其他 TCP 流并且均衡路径间的拥塞)，从而在网络中提供了最优的拥塞平衡和公平性。结论是 OLIA 是帕累托最优的。

OLIA 对每条路径 r 的拥塞窗口管理如下所述，仅指每个 ACK 对应的动作 (因为对包丢失的反应都是一样的，即把拥塞窗口减半)：

$$w_r = w_r + \frac{\dfrac{w_r}{\text{RTT}_r^2}}{\left(\displaystyle\sum_{r \in R_u} \dfrac{w_r}{\text{RTT}_r}\right)^2} + \frac{\alpha_r}{w_r} \qquad (3.10)$$

式中，α_r 系数用来考虑那些最优路径 (即具有最大 l_r^2/RTT_r 值的路径 r 的集合) 与拥塞窗口最大的路径不同的情况；关于如何获得 α_r 系数的详细信息，可参见文献 [55]、[56]。需要注意的是，式 (3.10) 中的第一个分式与 RTT 有关，旨在优化路径之间的拥塞均衡来补偿不同的 RTT，而第二个分式用于保证响应性和非跳动性。

3.1.6　MPTCP 应用于移动卫星系统

MPTCP 有许多应用领域，包括大规模洲际骨干网和具有网状连接的数据中心 (云网络)。这里，我们考虑一些可能的卫星场景 (图 3-6)，其中 MPTCP 能够发挥重要的作用。在所有这些场景中，我们让利用多径的移动用户通过卫星进行连接，从而实现适当程度的分集。

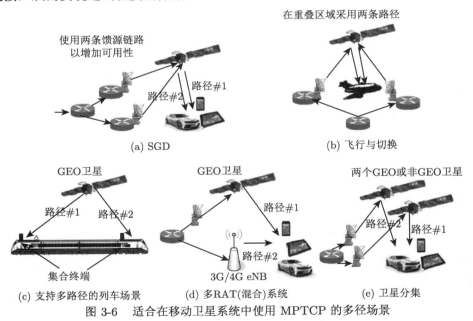

图 3-6　适合在移动卫星系统中使用 MPTCP 的多径场景

具有同一卫星系统多个空中接口的移动用户 [图 3-6(b)、(c)、(e)]：在这种情况下，我们利用两颗卫星的两个波束的覆盖重叠或者同一颗卫星的不同路径，从而在移动终端上可以同时使用两个空中接口。利用多径的能力有助于提高容量 (我们可以期望同时使用两条路径比使用单一路径能够获得更好的容量) 或者当移动终端连接到卫星并从一个波束移向另一个时，更好地支持移动性 (在交接区域，终端可以受益于同时使用这两条路径，从而提高切换阶段的容量)。这可能是飞行场景 [图 3-6(b)] 的情况，当连接到卫星的飞机到达当前波束的边界时，可以通过旧波束和新波束使用两条路径来提高有效吞吐量与可靠性。

在一体化系统中使用卫星路径和地面路径的垂直切换 [图 3-6(d)]：这与之前的情况类似，但这里的多条路径采用了两种不同的无线技术，在 RTT、信息比特率和丢包率等方面具有不同的特性。MPTCP 可以使地面和卫星系统之间的垂直切换过程更加平滑。

SGD [图 3-6(a)]：在这种情况下，通过不同的 GW 可以有多条路径到达卫星，然后再到达终端用户；GW 馈源链路采用 Q/V/W 波段来增加容量，但在这些频率下，链路对大气效应非常敏感，因此当 GW 遇到恶劣的大气条件时，就需要采用 GW 切换和重路由方案。在旧 GW 断连之前，MPTCP 可以通过一个在晴空条件下的新 GW 激活一条新路径，这样剩余的不能通过旧路径送达的数据包可以通过新路径无缝传输。

基于 PEP 的架构 [特别是图 3-6(c) 的情况和所有可以利用集合终端来支持用户侧 PEP 的情况]：这是一种特殊情况，因为我们指的是引入两个 PEP，将二者之间使用 MPTCP 的那部分网络隔离开来，这样终端主机对 MPTCP 来讲是透明的 (它们不需要操作系统升级来支持 MPTCP)。PEP 可以安装在中间路由器和集合终端上，以支持分割的方法。

3.1.7 不平衡路径的影响

在此，我们考虑 MPTCP 在不平衡路径情况下，在传输延迟、容量和丢包方面的性能影响。如前面所述，带 LIA 的 MPTCP 可能会遇到不平衡路径的情况。由于 MPTCP 层必须按顺序交付数据包，因此最慢的路径也会引起其他路径的延迟，因为这些路径不得不缓冲数据，以等待最慢路径上丢失的数据包。这就会带来一些问题：MPTCP 的套接字缓冲区必须足够大以避免丢包。受丢包影响的链路让情况更糟，因为我们必须等待数据包通过重传来恢复。如果 RTT 最低的路径同时也是包丢失率 (packet loss rate, PLR) 最高的路径，MPTCP 就会受到影响。发生这种情况是因为 LIA 优先选择 RTT 最低的路径进行流量传送；因此，如果该路径也是 PLR 最高的路径，那么这两条路径的 MPCTP 有效吞吐量也可能低于这两条路径中最佳路径的有效吞吐量。

3.1.8 MPTCP RFC 和实现

MPTCP 是由一些 IETF RFC [①]定义的，其中我们可以考虑以下几个：

---

① 征求意见文档 (request for comments, RFC)。

(1) RFC 6181——多地址多路径操作的 TCP 扩展的威胁分析；

(2) RFC 6182——多路径 TCP 开发的架构指南；

(3) RFC 6356——多路径传输协议的耦合拥塞控制；

(4) RFC 6824——多地址多路径操作的 TCP 扩展。

许多操作系统已经提供 MPTCP 的实现，包括 Linux、FreeBSD、Android、iOS7 和 OS X Yosemite 等。目前可用的 MPTCP 实现详见文献 [4]。MPTCP 内核实现可在文献 [3] 的链接中找到。

3.2　网络编码及其在卫星组网中的应用

与只有数据源可以发送编码包的信源编码不同，网络编码 (network coding，NC) 允许网络的中间节点在发送数据包之前对其进行重新编码 (即几个接收到的数据包可以编码成一个单独的码字)，而不是采用简单的存储转发路由方法[7]。网络编码一直停留在理论概念，直到 COPE 系统在文献 [53] 中被提出，它是一种用于无线网状网络的新架构，其路由器混合 (编码) 来自不同来源的包以增加每次传输的信息量。然后，在 2007 年，网络编码被微软安全内容分发 (microsoft secure content distribution，MSCD)——一种点对点 (peer-to-peer，P2P) 文件分发网络所使用。网络编码操作在数据包有效净荷级别上实现，在源节点也可能在一些中间节点上执行。这种编码策略可能实现多种优势，如更高效、更可靠的通信及吞吐量的增加。

众所周知，网络编码提高了组播容量，降低了分布式缓存系统 (大数据应用) 中数据复制的带宽要求，并减小了 P2P 文件共享系统中的文件下载延迟。

让我们考虑一个充当信息中继的系统，如路由器、ad-hoc 网络中的一个节点，或者 P2P 分发网络中的一个节点。传统上，当一个节点向其他节点转发一个信息包时，我们只需简单重复这个信息包，应用基尔霍夫定律 (Kirshhof's law) "有进必有出" 的原理，我们只需简单复制这个包 [图 3-7(a)] 即可。相反，网络编码允许节点的输出是输入信息的混合函数：节点将其收到的若干包组合成一个或几个输出 (编码) 包，如图 3-7(b) 所示。此外，与传统的单路径路由协议相比，无线网状网络中的机会路由可以利用共享无线广播媒介来提高单播吞吐量。特别地，一个发射机的所有邻近节点都可以监听数据包，并可以合作将该数据包转发到目的地。在这个场景下采用网络编码，既可以合并从几个邻居节点到达目的地的数据包而无须考虑精确的数据包顺序，又可以对数据包丢失保持鲁棒性。NC 在数据包的二进制表示级别上进行操作。具体来说，编码可以在单比特 [大小为 2 的伽罗华域 (Galois field，GF) 上的异或 (XOR) 运算] 上进行，也可以在 m 比特的组上进行，即在大小为 2^m 的 GF 上进行；当 $m = 8$ 时，符号为字节且非常方便实现。

从编码演进到网络编码的主要步骤,如图 3-8 所示。

最初提出网络编码是为了在单源组播网络中以最大传输速率实现组播数据交付。当需要向一组用户可靠地传送大量消息时 (如在可靠组播系统中),则可以使用网络编码[45]。在传统的自动重复请求 (automatic repeat request,ARQ) 中,每条丢失的消息都必须重新发送。通过网络编码技术,多个用户只需使用一次重传就可以恢复不同的丢失数据包[44]。从这些最早的例子开始,网络编码在许多领域都有了应用,如计算机组网、分布式存储、P2P 网络、安全等。文献 [73] 给出了一个关于网络编码在计算机网络中可能的应用示例的综述。在地面无线网状网络和点对点网络中,网络编码在吞吐量和健壮性方面的优势非常好理解[53]。此外,还有许多网络编码方法可以应用在卫星系统中,如文献 [102] 所示。文献 [101] 研究了具有网络编码的多波束卫星系统中的负载均衡。在文献 [47] 中,网络编码用于在两个卫星终端间的双向通信中节省带宽。

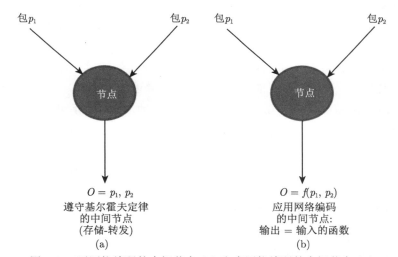

图 3-7   无网络编码的中间节点 (a) 和有网络编码的中间节点 (b)

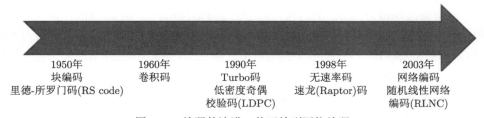

图 3-8   编码的演进:从开始到网络编码

网络编码的应用场景包括:① 可靠性保证;② 拥塞控制;③ 多径路由;④ 安全性保证等。

3.2.1 包级前向纠错与网络编码的对比

物理层前向纠错 (forward error correction，FEC) 方法用于纠正比特/符号级的错误。但是，在错误过多的情况下，FEC 方法可能无法纠正这些错误，包会因为 MAC 级循环冗余校验 (cyclic redundancy check，CRC) 控制失败而被丢弃；这个过程将导致包被擦除。在这种情况下，包级 FEC 码 (如喷泉码) 及网络编码可以帮助恢复包丢失。MAC 级的包校正不同于 PHY 级的比特纠错，因为它处理的是直接的丢包，而不是不可预测的比特误码。包级 FEC 可以在链路的基础上应用 MAC 层之上的数据包。

擦除校正的目的是恢复整个包的丢失。K 个输入包的传输由 $N - K$ 个额外 (冗余) 包来补充。如果 N 个包中至少有 K 个被正确接收，就可以取回所有 K 个输入的数据包。冗余开销为 $(N - K)/N$。在某些场景下降低的错误率非常有价值。当向大群组多播数据时，即使每个接收方的单个错误率很小，也可能导致整个群组产生很高的重传率，因此冗余的使用将带来显著的效率提升。在长传输延迟的情况下 (如卫星场景)，使用冗余有助于即使在出现错误的情况下也能将交付延迟维持在可接受的范围内；因为在大多数情况下，解码过程应该能够直接恢复损失而无须重传。关于最常见的 FEC 方法简单综述如下。

喷泉码 (Fountain code) 是擦除 FEC 码的一种，其特性是可以从给定的一组源包 (无速率擦除码) 生成潜在的无限数量的编码包序列，而且理想情况下，原始的源包可以从大小等于或略大于源包数量的编码包的任意子集中恢复。术语 "喷泉" 和 "无速率" 指的是这些码没有显示固定的码率。卢比变换 (Luby transform，LT) 码和 Raptor 码就是喷泉码的例子[67]。特别地，Raptor 和 RaptorQ 码分别在 RFC 5053 和 RFC 6330[68,69] 中进行了详细说明。

速龙码 (Raptor code) 在 GF(2) 上使用简单的 XOR 运算，而 RaptorQ 码使用 GF(2) 和 GF(2^8) 的混合运算。Raptor/RaptorQ 编码器独立应用于每个源区块。每个源区块由一个唯一的整数源区块号 (source block number，SBN) 标识。每个源区块被分成 K 个源包，每个源包的大小为 T 字节。每个源包由一个唯一的整数编码符号标识符 (encoding symbol identifier，ESI) 来标识[103]。根据 RFC 5053，Raptor 码的头部开销为 16 位的 SBN 和 16 位的 ESI。根据 RFC 6330, RaptorQ 码的头部开销包括 8 位 SBN 和 24 位 ESI。Raptor (RaptorQ) 码可用于对一个源区块中 $K = 8192$ (56403) 个包进行编码，每个编码区块总共有 $N = 65536$ (16777216) 个包。RFC 5053 采用了 Raptor 码用于广播/多播的文件交付应用。系统性的 Raptor 码已被多个标准采用，如用于广播文件传送和流服务的 3GPP 多媒体广播/组播服务 (multimedia broadcast/multicast service，MBMS) 标准、用于 DVB 网络传送 IP 服务的 DVB-H IPDC 标准及用于 IP 网络提供商业电视服务的 DVB-IPTV 标准。

根据 RFC 5510 的定义，里德-所罗门码 (R-S code) 是另一个包级 FEC 的例子。编码和解码过程采用 $GF(2^m)$ 上的算术运算。每个包被细分为长度为 m 比特的字。实际传输的包流由 FEC 组 (FEC group) 构成，其中既包含数据包 (data packet)，也包含用于重建丢失数据包的校验包 (check packet)。数据包的大小固定，而校验包的长度与数据包相同。一个符号长为 m 比特的里德-所罗门码表示为 $RS(n, k)$。在实际应用中，m 等于 8、16 或 32。这意味着编码器取 k 个数据符号 (每个符号长 m 比特)，并添加奇偶校验符号以获得一个具有 n 个符号的码字，即具有 $n - k$ 个奇偶校验符号。编码器和解码器在 $GF(2^m)$ 中执行操作。给定符号大小 m，里德-所罗门码的最大码字长度 n 为 $n = 2^m - 1$。里德-所罗门解码器在一个码字中最多可纠正 t 个错误符号或者 $2t$ 个擦除，其中 $2t = n - k$。当知道一个错误符号的位置时，就会发生擦除。$RS(255, 223)$ 是里德-所罗门码的一个典型例子。

重要的包级 FEC 应用处理可靠的多播传输，它必须将包数据 (无错误地) 发送到一组接收者。文献 [38] 中的工作提出了一个可靠的多播框架，其中修复请求和重传的包总是多播到整个组。多播包在传输的不同阶段都可能会受到错误的影响；我们在组中添加的接收者越多，其中一些接收者丢失任意给定包的概率就越大。为了避免再次发送整组包，其思路是采用包级 FEC，将编码包以 N 个区块为单位发送到一个多播组。如果一个接收者能够从 N 个包中获得 K 个正确的包，它就能够解码一个区块[48]。否则，它必须发信号回来，说明它需要多少新的编码包才能完成解码。一种随机接入协议被用来发送反馈。收到第一次反馈的发送者可以重新发送一些额外的冗余包，这些包的数量恰好是反馈消息中所指示的包丢失的数量。这些额外的冗余包不仅对所考虑的终端有用，而且包级 FEC 对所有其他有损失的终端也有用。该方法已被面向 NACK 的可靠多播 (NACK-oriented reliable multicast，NORM) 协议采用[6]。

网络编码与普通的包级 FEC 有许多不同的特性。特别地，只有网络编码才允许在中间节点对已编码的包进行重新编码。重新编码的包可以与首次编码的包一起用来解码一个区块。此外，网络编码的其他具体特点还有：应用于网络或传输层的编码、流间网络编码。图 3-9 显示了一个单播流的通用网络编码方案的操作过程，其中，编码器作用于包含 K 个源包的一个区块上，只有产生足够多的冗余包来掩盖在不同链路上遇到的错误，该区块才能在接收端成功解码 (在 MAC 层，当且仅当层 2 无法根据 CRC 对其进行纠错时，才认为该包丢失了)。换句话说，要成功解码一个区块，目标端至少需要接收到 K 个线性无关的编码包。

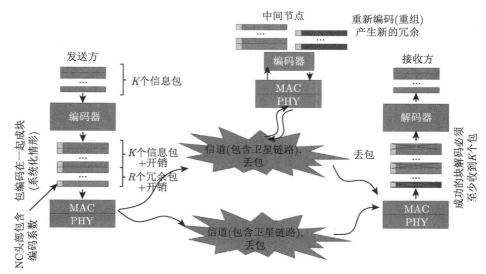

图 3-9　发端和收端的包级编码器/解码器 (此例中，网络编码是 IP 和 MAC 之间的垫片层)

互联网研究任务组 (internet research task force，IRTF) 已经批准网络编码研究组 (network coding research group，NWCRG)[1] 就网络编码在网络上应用的几个领域开展研究，例如，体系结构方面的考虑 (如控制平面、路由平面、传输层)；端到端与逐跳网络编码；流间网络编码 (层 3 以下) 与流内；应用层网络编码，安全问题及对攻击的鲁棒性；包格式；利用网络编码的主动性保护与基于自动重复请求 (automatic repeat request，ARQ) 技术的反应性机制 (冗余和重传延迟之间的权衡)。

一个仍未解决的问题是，如何将网络编码集成到当前的组网协议中。特别是，应用网络编码的 OSI 层依然是一个研究课题。关于应用网络编码的 OSI 层有多种选择：

(1) 在 IP 和 MAC 层之间 (垫片层)。

(2) 在传输层和 IP 层之间 (垫片层)。

(3) 在应用层和下层之间。

这些网络编码选项带来了不同的优缺点及与其他协议 (如 IPsec、包头压缩等) 的兼容性问题。例如，IPsec 是端到端应用的；如果采用 IPsec，基本上就不可能在中间节点进行重新编码。执行网络编码的 OSI 层也意味着网络编码头 (编码系数) 在从应用层到物理层逐步封装过程中被放置的位置。不同层的头部是这样排列的：PHY | MAC | IP | Transport | APP。需要注意的是，采用网络编码，我们会有一个额外的头部开销要恰当地放置在该序列中：

(1) PHY | MAC | NC | IP | Transport | APP；

(2) PHY | MAC | IP | NC | Transport | APP；

(3) PHY | MAC | IP | Transport | NC | APP。

当在属于同一个流或多个流的有效载荷上应用编码时，存在流内或流间网络编码之分。这种区别也取决于网络编码应用的层。我们可以粗略地认为，当网络编码应用于较高的开放系统互联 (open system interconnection，OSI) 层 (传输层及以上) 时，可以采用流内网络编码；相反，当网络编码应用于较低层 (网络层及以下) 时，可以采用流间网络编码。这两种选择之间的决策是在性能收益和操作复杂性之间权衡的结果。

混合来自不同流的包 (流间网络编码) 对于某些应用 (如路由方案) 来说可能是很方便的；但在其他情况下，它甚至可能导致较差的解码性能 (穷举地混合多个流的数据可能会降低接收端恢复其信息的机会)。

请注意，当 NC 在 MAC 之上时，NC 可以与 MAC 层封装集成在一起，用于通过卫星在 MAC 帧中传送 IP 包。多协议封装 (multi-protocol encapsulation，MPE) 及其更高效的演化，称为通用流封装 (generic stream encapsulation，GSE)，是 MAC 层封装的两个例子。如果空口是 DVB-S2，GSE [或返回链路封装 (return link encapsulation，RLE)] 封装用于前向 (或返回) 链路。

NC 可逐个区块或基于滑动窗口来执行[37]。

(1) 在区块编码 (block coding) 中，原始有效净荷序列被划分为给定大小的区块，网络编码只对区块的有效净荷进行转换。一个编码区块就是由发送方定义的一组通常连续的包。

(2) 在滑动窗口编码 (sliding window coding) 中，给定未编码的有效净荷流，根据滑动窗口来选择编码区块。编码区块部分重叠。这是卷积编码在包级而不是比特级的一种形式。

如果 NC 属于区块编码类型，则输入流必须被分割成一个区块的序列，编码和解码必须逐个区块独立执行。这种方法对编码和解码的延迟都有很大的影响，因为编码要求所有的源符号在编码器处都可以使用。区块创建时间也代表着最小的解码延迟。一个好的区块大小必定是在解码延迟 (在一个区块的所有包都收到之前，我们无法解码一个区块) 和弥补长擦除突发所需的鲁棒性之间权衡的结果，二者均取决于区块大小。另外，与滑动窗口关联的卷积码消除了这种解码延迟，因为修复符号可以从当前编码窗口中的源符号生成并即时发出[29]。滑动编码窗口模式由于解码时间较短，而对实时应用特别方便。

在区块编码中，需要将数据划分成多个区块，并且只对同一区块中的包进行编码。我们假设每个包由 B 个比特构成。当要组合的包大小不同时，较短的包会用比特 0 来填充。我们可以将包的连续 q 个比特解释为 GF(2^q) 上的一个符号，这样每个包都由一个有 $L = \lceil B/q \rceil$ 个符号的向量构成。

3.2.2　最小割 (min-cut) 定理

在本节中，涉及广播和多播应用，其中许多终端主机需要接收同一组数据包。对于卫星系统来说，这是一个非常有趣的例子。

将通信网络建模为一个有向图 $G = (V,\ E,\ C)$，由一个顶点集 V 和一个有向边集 E 组成[25]，图中的边有整数容量 C (边的容量是指能通过该边的最大流量)。在由较高速率链路连接的节点之间考虑一个或多个具有单位容量的边。在图论中，割 (cut) 是一种分割方法，它将图的顶点划分为两个不相交的子集。s-t 割 (s-t cut) 是指源 (source) 和汇 (sink) 在不同子集中的割；该割集 (cut-set) 只包含从源侧到汇侧的边。s-t 割的容量是该割集中每条边容量的总和。流的值定义为从源传递到目的地的流量。

考虑一个有向无环图 $G = (V,\ E)$，它具有单位容量的边，h 个单位速率的源位于图中同一个节点上，还有 N 个接收者。假定到每个接收者的最小割 (min-cut) 的值是 h。这样，在一个足够大的有限域 (finite field) GF(2^q) 上存在一种组播传输方案，其中间网络节点将输入的信息符号在 GF(2^q) 域上进行线性组合，从而将信息以相等的速率 h 从源同时传送给每一个接收者。因此，网络的最大流取决于其瓶颈 (= 最小割)。

在单播情况下，一个会话 (s,t) 由单个发送者 s 和单个接收者 t 组成。令 $r(s,t)$ 表示在给定的网络 $(V,\ E,\ C)$ 中从 s 到 t 的通信可以达到的速率。$r(s,t)$ 的上限是穿过网络的任意 s-t 割的值。所有这些 s-t 割的最小值 [此处称为 $\mathrm{MinCut}(s,t)$] 也是 $r(s,t)$ 的一个上限。也就是说 $r(s,t) \leqslant \mathrm{MinCut}(s,t)$。对于具有单位容量边的无向图，已经证明 s 和 t 之间总是存在一组 $h = \mathrm{MinCut}(s,t)$ 条边不相交的路径。因此，通过在这组 h 条单位容量、边不相交的路径上的路由信息，可以实现 s 和 t 之间的可靠通信，其最大可能的速率为 $r(s,t) = \mathrm{MinCut}(s,t)$。

一个简单的网络编码方案可以在 GF(2) 域上使用 XOR (异或，表示为 "⊕" 或简单地表示为 "+")，也就是在包数据之间做按位加法 (bit-wise addition)，以用于快速编码和解码方案。当一个节点从两个不同的源接收到包时，只需将它们简单 XOR 在一起，然后将它们发送给下一个节点。解码仍然通过 XOR 运算完成。下面给出上述考虑的一个例子，参考图 3-10中的蝶形 (butterfly) 网络，其中一个多播源 (图的顶部) 有数据包 A 和 B 要发送到两个目的节点 (图的底部)。每条链路在每个时隙中只能承载一个数据包。如果只允许经典路由，那么中心链路就只能承载 A 或 B，而不是利用编码运算同时承载。假设通过中心发送 A，那么左侧的目的地将会收到 A 两次，而不会收到 B。发送 B 会给右侧的目的地带来同样的问题。因此，经典路由效率不高，因为没有路由方案可以同时将 A 和 B 传输到两个目的地。然而，使用简单的编码方式，如图 3-10 所示，通过中心发送 A 和 B 的 XOR (即 A+B)，可以同时将 A 和 B 发送到两个目的地。左侧目的地接收 A 和 A+B，并且可以通过 A 与 A+B 的 XOR 计算出 B。类似地，右侧目的地会接收到 B 和 A+B，并且能够通过 B 和 A+B 的 XOR 运算恢复出 A。这样，编码方法就可以实现蝶形网络的最佳吞吐量，即在一个时隙内将 2 个数据包传递到目的地。采用经典路由，将需要额外的传输才能将包 A 和 B 发送到两个目的地。蝶形网络已经能够展示出 XOR 网络编码在吞吐量方面优于经典路由方法。

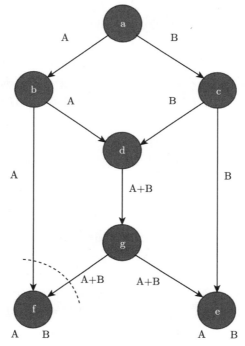

图 3-10　用于蝶形网络多播传输的 XOR 网络编码

进一步考虑上面的例子。如果把网络图切割成两部分，一部分包含源，而另一部分包含一个接收者，然后记录从源到接收者的边界净流量，那么 *s-t* 流的最大值等于所有 *s-t* 割的最小容量 (最大流最小割容量)。在蝶形网络示例中，接收者能够在一个时隙内从两个链路收到包 A 和 B，实现每个时隙 2 个包的吞吐量 (= 最大流最小割容量)。因此，这证明 XOR 网络编码足以实现最佳容量。

3.2.3　伽罗华域上的算术运算

为了更好地理解如何使用 GF 进行网络编码，需要回顾一下伽罗华域 (Galois field) 中的算术运算。它不同于整数算术。对于伽罗华域 GF(2^q)，数字 $0, 1, \cdots, 2^{q-1}$

上的加、减、乘、除运算定义如下：如果 a 和 b 属于 GF(2^q) 中的元素，则 $(a+b)$、$(a-b)$、$(a \times b)$ 和 (a/b) 也都是 GF(2^q) 中的元素。GF(2^q) 上的一个元素可以用 q 个比特表示为 $(a_{q-1}, a_{q-2}, \cdots, a_1, a_0)$，也可以用 GF(2) 上的 $q-1$ 次多项式形式表示为 $A(x) = a_{q-1}x^{q-1} + a_{q-2}x^{q-2} + \cdots + a_1 x + a_0$。GF($2^q$) 中两个元素的和是通过对相同位置的比特做 XOR 和 (等价于对算术和求模 2) 得到的。一般来说，GF(2^q) 上的运算是对 GF(2) 上具有次数 (degree) q 及二进制系数 0 和 1 的本原多项式 (primitive polynomial) $P(x)$ 求模实现的。注意，在 GF(2) 上有 2^n 个 n 次多项式。如果 GF(2) 上的一个 n 次多项式 $P(x)$ 不能被 GF(2) 上任何次数小于 n 但大于零的多项式分解，则称该多项式在 GF(2) 上是不可约的 (irreducible)。例如，$x^2 + x + 1$ 是 GF(2) 域上的 $n = 2$ 次不可约多项式。此外，$x^3 + x + 1$ 是 GF(2) 上 $n = 3$ 次不可约多项式。对于一个 n 次不可约多项式 $P(x)$，如果 $P(x)$ 整除 $x^j + 1$ 的最小正整数 j 满足 $j = 2^n - 1$，则 $P(x)$ 就被称作是本原的。对于给定的 n，可能有不止一个 n 次本原多项式。有本原多项式的表可查。例如，$P(x) = x^3 + x + 1$ 是 GF(2) 上 $n = 3$ 的本原多项式。网络编码库的良好实现需要 GF(2^q) 上运算的高效执行。

在下面关于网络编码方案的描述中，我们指的是区块编码技术。

3.2.4　线性网络编码

在线性网络编码 (linear network coding，LNC) 中，输出包是原始包的线性组合，其加法和乘法在 GF(2^q) 上采用适当的乘法系数完成。之所以选择线性框架是由于其编码和解码算法已经为人所熟知。跨网络的 LNC 催生了源向量消息的线性变换。网络变换的特征可以建模为由线性编码生成的系统矩阵。网络执行一次转换，就通过系统矩阵 $\boldsymbol{M}$ 将源码本投射到接收方码本上。接收方通过反转该变换 $\boldsymbol{M}$ 对源消息进行解码。必须有策略地选择系数，以确保矩阵 $\boldsymbol{M}$ 可逆。

假设若干原始包 $P_1, \cdots, P_K$ 由一个或多个源生成。在 LNC 中，每个包都与一个属于 GF(2^q) 的系数序列 $\alpha_{i,1}, \cdots, \alpha_{i,K}$ 相关联，并对应 $X = \sum_{j=1}^{K} \alpha_{i,j} P_j$；系数乘积与求和必须在包内的符号级进行[63]。编码包必须在包头中包含系数 $\alpha = \{\alpha_{i,1}, \cdots, \alpha_{i,K}\}$，并在编码包净荷中包含编码数据 $X = \sum_{j=1}^{K} \alpha_{i,j} P_j$。接收方利用编码向量 α 重构编码系数的矩阵 $\boldsymbol{M}$ 来解码数据。

一个特例是采用 GF(2) = {0, 1} 时：1 个符号就是 1 个比特，节点在收到包 P_1 和 P_2 后，发送的线性组合为 $P_1 + P_2$，通过按位 XOR 运算得到。

3.2.5　随机线性网络编码

在随机线性网络编码 (random linear network coding，RLNC) 情况下，系数 $\alpha_{i,1}, \cdots, \alpha_{i,K}$ 从 GF(2^q) 的元素中按均匀分布的方式随机、独立地选取。假设一个源需向一组接收方发送 K 个数据包。每个源包由 GF(2^q) 中的 L 个符号组成，

因此每个符号由 q 个比特组成。令 $P_i = (p_{i,1}, \cdots, p_{i,L})$, $i = 1, \cdots, K$, 表示将被源发送的第 i 个源包，且 $p_{i,j} \in \mathrm{GF}(2^q)$ 为第 i 个包的第 j 个符号。当 K 个源包到达中间节点时，节点利用 K 个源包生成编码包。每个编码包 $F_i(i = 1, \cdots, K)$ 可以表示为

$$F_i = \sum_{j=1}^{K} \alpha_{i,j} P_j, \quad i = 1, \cdots, K \tag{3.11}$$

式中，求和与乘积运算依据 $\mathrm{GF}(2^q)$ 进行。

式 (3.11) 可以组织为矩阵形式：

$$\begin{bmatrix} F_1 \\ F_2 \\ \vdots \\ F_K \end{bmatrix} = \begin{bmatrix} \alpha_{1,1} & \alpha_{1,2} & \ldots & \alpha_{1,K} \\ \alpha_{2,1} & \alpha_{2,2} & \ldots & \alpha_{2,K} \\ \vdots & \vdots & & \vdots \\ \alpha_{K,1} & \alpha_{K,2} & \ldots & \alpha_{K,K} \end{bmatrix} \cdot \begin{bmatrix} P_1 \\ P_2 \\ \vdots \\ P_K \end{bmatrix} \tag{3.12}$$

如果包 P_i 短于 L 个符号，则在其后面附加一系列 0 以满足长度 L。

如果 K 个编码包 F_i 由中间节点广播出，每个接收端都可以利用高斯消元法 (Gaussian elimination, GE) 对式 (3.12) 求逆来尝试解码这些包，以提取源包。如果由于信道原因丢失了一些传输的线性组合 (编码包)，则包含 K 个源包的整个区块都无法恢复；为此，中间节点需要额外生成并发送 $\delta = N - K$ 个编码包，以弥补可能的损失，其中 N 必须是充分确定的。如式 (3.13) 所示[①]：

$$\begin{bmatrix} F_1 \\ F_2 \\ \vdots \\ F_K \\ F_{K+1} \\ \vdots \\ F_N \end{bmatrix} = \begin{bmatrix} \alpha_{1,1} & \alpha_{1,2} & \ldots & \alpha_{1,K} \\ \alpha_{2,1} & \alpha_{2,2} & \ldots & \alpha_{2,K} \\ \vdots & \vdots & & \vdots \\ \alpha_{K,1} & \alpha_{K,2} & \ldots & \alpha_{K,K} \\ \alpha_{K+1,1} & \alpha_{K+1,2} & \ldots & \alpha_{K+1,K} \\ \vdots & & & \vdots \\ \alpha_{N,1} & \alpha_{N,2} & \ldots & \alpha_{N,K} \end{bmatrix} \cdot \begin{bmatrix} P_1 \\ P_2 \\ \vdots \\ P_K \end{bmatrix} \Leftrightarrow \boldsymbol{F} = \boldsymbol{M} \cdot \boldsymbol{P}$$

$$\tag{3.13}$$

如果接收到的包增加了矩阵的秩，则称该包为创新的 (innovative)。如果一个包是非创新的，它就会被 GE 约减为全 0 的一行并被忽略不计。为了正确解码，我们需要编码系数矩阵 $\boldsymbol{M}$ 的秩等于 K，这样我们就可以通过对矩阵 $\boldsymbol{M}$ 求逆来恢复原来的 K 个包。

由于编码系数的随机选择，可能会发生矩阵的某些行是线性相关的情况，因此一些编码包对矩阵 $\boldsymbol{M}$ 求逆的解码过程没有贡献。为了降低线性相关行的风

---

① 译者补充。

险，最好的方法是增加 GF 的大小，这样就可以在一个更大的集合中选择编码系数。因此，GF(2^8)~GF(2^{16}) 是 GF 大小的一个很好的选择，能够高效发挥作用。

此处描述的 RLNC 编码/解码技术在文献中指的是批量编码 (batch coding)，它要求先收到整批 (整套线性组合) 数据然后才能解码：解码器在收到该批包之后才能开始解码以恢复原始包的区块。

编码包需要一个合适的包头来传递编码向量：$\{\alpha_{i,1}, \alpha_{i,2}, \cdots, \alpha_{i,K}\}$。这需要 $K \times q$ 个比特加上额外的 16 比特来包含编码区块的渐进 ID (即生成 ID)，即源区块号 (source block number，SBN)。

RLNC 中有三个重要的未解决的问题：

(1) 由于采用 GE 方法，解码计算复杂度高。

(2) 由于需要在每个编码包的包头包含其系数向量，传输开销大。

(3) 系数向量之间的线性相关性，会减少创新编码包的数量。

伪随机网络编码。RLNC 变体的一个代表是伪随机网络编码 (pseudo random network coding, PRNC)。PRNC 使用由一个码本行 (codebook row) 生成的伪随机码，并在编码包的包头中包含该码本行的索引 (称为"种子")，而不是完整的系数向量。由于这些系数取自码本，解码器可借助包头中的索引恢复编码包的编码系数。相对于 RLNC，PRNC 有助于减少包头开销。索引放在编码包的包头中，不需要任何进一步的保护。缺点是组合之间的无关性略有降低，因为索引的使用减少了可能的组合的数量。此外，PRNC 不允许在中间节点重新编码，而 RLNC 则允许。

系统化 RLNC。传统的 RLNC 方法是从所用的 GF 中随机选取编码系数，这是一种被称为密集网络编码 (dense network coding，DNC) 的策略，因为所有传输的 (编码) 包都是原始包的密集组合。考虑到对于一批 K 个原始包，需发送 $K+\delta$ 个编码包。如果丢失的包数超过 δ 个，接收到的编码系数矩阵将不满秩，且没有包能被解码。在这种情况下，我们将丢失含有 K 个包的整个数据区块，即使不用网络编码，其中一些包也可能被送抵目的地；因此，在这种情况下，网络编码的效率并不是那么有效。为了避免这个问题，可以采用系统化网络编码[86]。对于每批 K 个原始包，发送 $K+\delta$ 个包，其中前 K 个包为原始信息包。接收到这 K 个中的包可以交付给高层而无须接收同一区块的其他包，因为它们已经被解码了。最后 δ 个包 (冗余包) 使用在 GF 元素中随机选取的系数进行编码 (零除外)，因为密集编码的包可以使其作为创新包的概率最大化，由此可以用来补偿任何原始包的损失。

RLNC 解码和复杂性。接收端维护一个解码缓冲区，用于存储接收到的同一个区块内的编码包。解码方案要求对编码系数矩阵 M 求逆。矩阵 M 的大小为

$N \times K$，且 $N \geqslant K$。为了解码原始的 K 个包，矩阵 M 的秩必须等于 K (可能的最大值)。行消元法可用于消除行之间的相关性。高斯-约旦 (Gauss-Jordan) 消元法可用于求矩阵 M 的逆。

即使工作在伽罗华域上，矩阵求逆方法在形式上仍与经典线性代数相同；唯一的区别在于运算现在是在 GF 域上完成的。矩阵求逆可以在方阵上完成。行阶梯形 (row echelon form) 矩阵指的是修改后的三角矩阵，其中，$N - K$ 个相关行是最后那些全是零的行。GE 算法可用来求解行阶梯形矩阵。高斯-约旦消元法是经典 GE 方法的一个变体，它将矩阵变换为简约行阶梯形 (reduced row-echelon form，RREF) 矩阵，其中冗余方程被消除，且除了对角元素为 1，每行均包含 0。RREF 的好处是随着矩阵约化为单位矩阵后，方程右侧的结果向量就构成了解码结果。

采用高斯-约旦消元法的 RLNC 具有 $O(K^3)$ 的解码复杂度。较大的数据区块可能导致长的解码时间，这对于某些数据应用来说可能还是可以接受的，但对于实时服务则可能无法容忍。例如，大尺寸的数据区块可能有助于恢复大时间跨度的丢包。

仅仅为了与包级 FEC 码的复杂度做比较，我们可以考虑使用 Raptor 和 RaptorQ 码，它们具有编码和解码复杂度为 $O(K)$ 的优点。然而，稀疏的端到端纠删码 [如卢比变换 (Luby transform, LT) 和 Raptor 码] 缺乏 RLNC 的能力，即包可以在中间节点进行重新编码，这样重新编码的包和原始编码的包可以一起用于解码同一个区块。尽管稀疏的端到端纠删码复杂度较低，它们也会带来额外的延迟，因为稀疏性会降低编码包的效用 (即其创新度)。密集编码包大概率是创新的，相反，稀疏编码包是创新包的概率较小[34]。

采用 RLNC，我们需要等到收齐所有的编码向量，才能对一个含有 K 个包的数据区块进行解码；这个解码时间对于一些实时应用来说可能是至关重要的；最好能将包一个一个地交付给应用程序。因此，可以在收到每个包时执行部分解码过程，而不是等待一个编码区块的所有包到达。所收到的带有系数向量和编码数据区块的包被组织成一个增广矩阵 (augmented matrix)，其中一个传送单元构成一行，这样就可以在此矩阵上进行渐进解码。当收到一个区块的第一个包时解码就立即开始，并在每次新包到达时通过在矩阵中添加更多的行重新尝试解码。为了执行这种"渐进解码"方案[91]，我们需要使用高斯-约旦消元法，因为它可以随着编码包的接收而逐步执行。这是在使用密集码矩阵的 RLNC 中唯一可能的方案。当待解码数据区块的到达时间跨度较大时，渐进解码减少了整体解码延迟。在这个过程中，解码时间与接收包所需的时间重叠，从而隐藏了部分编码和解码时间。但是，解码过程只有在一个区块的 K 个独立编码包到达时才能彻底完成。

解码失败概率。让我们来看看非系统性的 RLNC。一个编码包对某个用户来说是创新的，如果其相应的编码向量与该用户已经接收到的所有编码向量线性无关。如果我们将 K 个包编码成 $N \geqslant K$ 个信息包，我们至少需要 K 个独立的编码包才能正确解码该区块数据，而无须任何进一步的操作。正确解码一个区块的条件为 $\mathrm{rank}\{M\} = K$，即矩阵 M 是满秩的。矩阵 $M_{N \times K}$ 满秩的概率等于 $P_{\mathrm{full}} = \prod_{j=0}^{K-1}(1 - Q^{j-N})$，其中 $Q = 2^q$ 表示 GF(2^q) 的大小。如果 GF 的规模足够大 (如 $Q = 256$，$q = 8$ 比特/符号)，那么一个区块中没有足够的独立编码包的概率可以忽略不计。当通信信道引入包擦除时，情况更为关键。冗余旨在补偿丢包：假设在一个区块中丢失了 ℓ 个包；那么，接收矩阵 M' 大小为 $(N-\ell) \times K$。考虑到 $(N-\ell) \geqslant K$，只有 $\mathrm{rank}\{M'\} = K$，我们才可以解码此区块，且其发生的概率为 $P_{\mathrm{full}|\ell} = \prod_{j=0}^{K-1}(1 - Q^{j-N+\ell})$。令 i 表示一个特定区块内 N 个包中被正确接收的包数：$N - i = \ell$。于是，在 RLNC 情况下及存在丢包率为 p 的随机擦除信道时，成功解码一个包含 N 个编码包的数据区块的概率 P_{suc} 可以表示为

$$P_{\mathrm{suc}} = P_{\mathrm{suc}}(N, K, p, Q)$$
$$= \sum_{i=K}^{N} \binom{N}{i} (1-p)^i p^{N-i} \prod_{j=0}^{K-1} \left(1 - Q^{j-i}\right) \tag{3.14}$$

式中，我们使用二项式分布 (binomial distribution) 来表征从一个有 N 个包的区块中正确接收 i 个包的概率 (无记忆擦除信道)。

解码失败的概率为 P_{suc} 的余数：$P_{\mathrm{fail}} = 1 - P_{\mathrm{suc}}$。

如果 RLNC 区块解码失败，还有可能使用反馈方案，请求发送方根据某种 ARQ 方案 (无速率方法) 发送更多的冗余；之所以能够做到这一点，是因为 RLNC 码是无速率的，并且由于发送方仍然将包保存在缓冲区中，直到接收到正确交付的确认。无反馈的 RLNC 在文献 [78] 有描述；而带反馈的 RLNC 则在文献 [30] 中进行了阐述。

图 3-11 比较了 RLNC 和 Raptor 码的解码失败概率行为，作为冗余度 $N - K$ 的函数，同时考虑到不同 Q 值下线性组合之间的相关性。我们可以看到，$Q = 2$ 的 RLNC 和 Raptor 码的解码性能都不是很好。使用 $Q = 256$ 的 RLNC 和 RaptorQ 编码可以获得更好的性能。性能随着 Q 的增加而提高，因为随着 Q 的增加，找到线性相关组合的可能性更小。

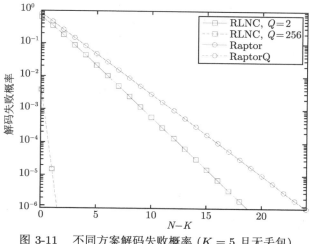

图 3-11　不同方案解码失败概率 ($K = 5$ 且无丢包)

3.2.6　立即可解编码

实时应用有严格的截止时间，且可以容忍一些丢包。尽管具有这种容错性，这些应用仍然可能遭受丢包带来的严重影响，因为它们会导致高抖动，进而影响视频服务的质量。因此，重要的是能够在一个非常小的编码窗口内以非常低的延迟恢复丢包。引入支持即时解码 (零延迟) 的立即可解网络编码 (instantly decodable network codes，IDNC) 来恢复损失，这是可能实现的。

尽管 RLNC 实现了更好的吞吐量性能，IDNC 方案仍具有下述特性。IDNC 支持接收端成功接收的包具有立即可解码性。这种可解码特性允许对编码内容进行渐进式恢复。与 RLNC 中在大型 GF 上执行比较复杂的操作相比，IDNC 的编码过程是通过简单的异或操作进行的。与 RLNC 所需的编码向量开销相比，这种 XOR 编码方案需要的包开销更低。最后，IDNC 的解码过程通过执行 XOR 操作来完成，也没有 RLNC 所需的矩阵求逆复杂。

假设发送方通常比接收方拥有更多的计算和能量资源，IDNC 技术将计算负荷转移给发送方，而允许接收方仅执行简单的、基于二进制 XOR 运算的包解码。发送方必须找到一种策略，来发送可以在接收方传达可解码信息的包 XOR 组合。单次编码传输可能让更多的接收方通过简单的 XOR 解码操作来解码缺失的包。IDNC 方法适用于实时广播应用，在这些应用中，RLNC 码由于解码时间长而不能使用。例如，我们假设 X_1 和 X_2 的包序列必须通过有损链路提供给目的地 U_1 和 U_2。在第一次尝试中，目的地 U_1 只能正确收到包 X_1，而目的地 U_2 只能正确收到包 X_2。如果不采用网络编码，源就必须重传 X_1 和 X_2 两个包。采用 IDNC 网络编码，我们只需传输一个编码包 $X_1 + X_2$，这样 U_1 和 U_2 很快就可以恢复这两个包。

在 COPE 系统[53] 中，针对无线网络引入了一种机会型会话间网络编码方案。每个节点利用邻居监听到的信息进行机会型网络编码，这样每个编码包能在下一跳立即被解码。该方案以先入先出 (first-input first-output，FIFO) 的方式 (如存储在发送队列中一样) 把包组合起来，并贪婪地把下一个时隙中能够解码这些包的接收方的数量最大化。

3.2.7　网络编码在卫星网络中的应用

下面我们将简要介绍一些网络编码在卫星网络中的应用。

文献 [65] 介绍了一个 RLNC 型网络编码的 P2P 视频流点播系统的设计、测试和实现。网络编码的优势在于它可以实现完美的协调，因为任意数量的服务对等方 (这里称为种子) 可以用来将同一段内容服务给一个接收对等方。特别是可以采用 PRNC 方法，其中编码包的包头包含的是码本行的索引，而不是完整的编码向量。在 P2P 媒体流点播的场景中，每个媒体段被划分为区块。服务端将一个段的编码区块发送给与其连接的对等方。当一个对等方解码一个段后，它可以重新编码这个段，并发送新的编码区块给它的下游对等方。利用高斯-约旦消元法，接收对等方能够在以"流水线"(pipelining) 方式接收编码区块时，逐步恢复原始区块；这样在收到最后一个区块后，整个段就可以立即播放。使用网络编码，来自任何对等方的编码区块都同样有用：一个对等方可以同时从多个对等方下载一个段的编码区块，而不需要任何协议来协调这些对等方的工作。不使用网络编码，对等方将不得不显式地从特定服务器或服务对等方请求特定的区块。使用网络编码的目的是利用对等方的上传带宽，以减少对服务器的带宽需求。与任何流媒体网格一样，对等方必须相互交换内容的可用性信息，以选择合适的服务对等方。

TCP/网络编码 (TCP/NC) 源在一个滑动编码窗口内发送所有包的随机线性组合，该窗口与拥塞窗口有关[96]。即便无法立即展示一个原始包，接收端也会确认每个自由度 (即创新的线性组合)。网络编码在这里的目的是保护 TCP 免受丢包的影响。网络编码集成在传输层，这需要修改操作系统内核和 TCP 头部。传输层有效净荷在滑动编码窗口中按照线性组合进行存储和编码。每个编码包被视为一个自由度，因此包的排序在接收端并不重要。当收到足够多的包来解码线性组合时，解码后的数据被提交给传输层。每当该源被允许发送时，它就会发送在编码窗口内所有包的一个随机线性组合。对于每个接收到的包，接收端计算解码矩阵的秩；接收端确认接收到的每一个自由度，而不是每个包 (即接收端对每个收到的独立的编码包进行确认)。这就需要为每个收到的包计算解码矩阵的秩，这对接收方来说可能是沉重的计算负载；待管理的复杂性是当前解码矩阵中包数量的三次方。本工作中采用的编码方案与最近在文献 [29] 中提出的飞行编码 (on-the-fly encoding) 方案类似。

Q、V 和 W (EHF) 波段的大量可用频谱配额为未来卫星网络的设计铺平了道路，能够满足用户对 3D、4K 和超高清电视等新兴应用在高质量和高数据速率服务方面的需求。如前面所述，将 EHF 频带用于馈源链路 (地面站和卫星之间)，会由于传播损耗严重而带来难以克服的技术挑战，因此需要对整个系统进行精心设计。为了解决这个问题，人们基于 SGD 的概念提出了改善服务可用性的技术。SGD 技术利用地面信关站 (也称为 GW) 之间空间分集的优势，采用 GW 切换方案，将那些即将遭受馈源链路中断影响的业务流，重新路由到一个气象条件 (晴空) 和流量拥塞状况更好的 GW。文献 [81] 中所形成的主要思想是将网络编码用于 GW 切换方案，允许一些流使用 GW 馈源链路直到掉线，这样就可以提高效率。在掉线发生之前，当馈源链路的 SNR 低于一定的"关注"(attention) 阈值时，我们就开始将业务流重新路由到另一个晴空条件下的 GW，并把当前缓冲区内容 (流间网络编码仅应用于 IP 层之下) 的冗余包发送给另一个 GW，以保护即将掉线的馈源链路上的业务流。有了这种技术，就有可能使 SGD 系统实现更高的效率。

让我们考虑一个 SGD 场景，其中存在多条路径 (多归属) 可用，以支持移动卫星用户利用 MPTCP。为了抵消移动用户所经受的开/关 (ON/OF) 信道的影响，我们考虑采用网络编码来保护每个 MPTCP 子流[46]。为了充分地利用分集，每个子流编码区块的一部分通过一条路径，另一部分通过另一条路径发送。解码器对来自同一编码器的区块进行解码，并将解码后的包递交给 MPTCP 层。网络编码应用于 IP 层之下的垫片层 (流间网络编码)。研究表明，与文献中类似的多径方案相比，该技术可以提高 TCP 有效吞吐量。

最后一个例子涉及在地面段的配合下应用网络编码到可靠的卫星组播业务。在这种情况下，我们将编码包 (RLNC) 从一个源通过卫星发送给多个接收方。由于卫星信道的缘故，一些包可能会丢失，于是 RLNC 的冗余可以用来恢复该损失。地面补充部分 (WiFi/3G/4G/5G) 可用于合作发送重新编码的包。由于网络编码的特性，不需要为每个接收方重传丢失的特定包，而是同一区块的额外编码包被所有接收方用来恢复该区块。单个额外的冗余包可以有助于恢复不同接收方丢失的不同包，因此，网络编码代表着可靠组播应用的一种非常有效的方法。

第 4 章　卫星组网的未来趋势

本章讨论卫星通信 (satellite communication，SatCom) 网络，并聚焦于新的技术和架构带来的机会，既包括卫星领域，也包括组网领域。通常的方法和重点在于星地一体化网络，或者更普遍地在于包含卫星通信的通信网络，以及潜在的其他相关技术 (如 HAP)，并拥有各种尺寸、能力和移动性特征的终端设备。小立方体卫星 (cube satellites，CubeSat) 改变了游戏规则，极大地扩展了组网拓扑和能力，但同时也带来了各种各样的问题。有了卫星星座，网络拓扑结构现在可以很丰富，在天空中建立完整网络的机会是无穷的。结合能够轻松区分流量类型及其需求的网络技术，新的机遇将大放异彩。

4.1　卫星通信用例和应用

4.1.1　内容分发

1. IPTV 广播

地球同步轨道 (GEO) 卫星系统中需要部署广泛覆盖的有限基础设施，其特别适合于电视广播，从而实现大规模经济。在这方面，当前基于原生 DVB/MPEG2 (motion picture expert group version 2，移动图像专家组第二版) 传输的广播模型相对于地面数字电视具有显著的优势，主要因为其拥有高得多的可用带宽。混合网络是另一种新兴趋势。在这种网络中，SatCom 系统 (基于典型的具有经典星型拓扑的 GEO 卫星) 与地面网络一起用于互联网电视 (internet protocol television，IPTV) 业务 (图 4-1)。

就接入网而言，有两种备选场景可供考虑：竞争性传输和一体化服务。竞争性传输意味着卫星通信系统和地面通信系统之间的一种竞争形式，不同的配置取决于适用的商业模式。例如，一个服务提供商同时是两个接入网提供商的客户：一个在卫星网络上运营，另一个在地面网络 (如 ADSL) 上运营。在这种情况下，终端用户与服务提供商签订合同。另一种可能是终端用户直接与接入网提供商签订合同，而接入网的服务管理则由一个或几个服务提供商作为第三方实体来保证。一体化服务看起来是一种更有前途的方法，但也增加了复杂性。这里所说的一体化服务是指地面提供商和卫星提供商之间的联合，以提供具有共同管理基础设施和一致服务交付的打包服务 [如直线式的 (linear) 电视节目全部通过卫星广播接收，而点播类的电视节目则通过地面链路接收等]。客户只与所有接入提供商的一个代表签约，只接收一个账单，并且只与一项公共客户服务进行交互。

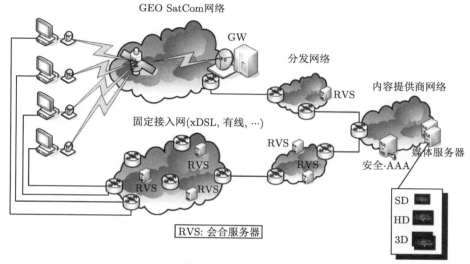

图 4-1 IPTV 广播

2. 偏远地区的 VPN

偏远地区缺乏地面基础设施而主要依赖卫星连接的服务和网络。典型的环境是海上平台，位于沙漠、山地等偏远地区的设施，甚至是现有卫星覆盖区域专门用于远程科学探索的解决方案。在这种情况下，需要一个永久性的连接，并且证明满足通信需求的中容量或高容量卫星连接 (上行链路至少为 1 Mbit/s) 的成本是合理的。宽带连接可用于传输大量数据。这种需求可能来自处理许多数据的服务本身 (如大型数据库分发)，或者是由于许多其他用户共享了远程连接。另外，在某些情况下，实时特性可能是需要解决的重要问题 (如针对来自和/或到偏远位置的远距离监测)。典型的通信服务可能会处理非常敏感的数据，对这些数据而言，完整性和/或机密性都是必不可少的。在某些特殊的用例中，我们甚至可以认为关键数据需要准时发送或接收，以便即刻采取行动或决策。虚拟专用网 (virtual private network，VPN) 可以被认为是一种方便的方式来提供所需的与系统中其他流量之间的隔离，从 QoS 和安全的角度来看都是如此 (请注意，当然仍然需要专用功能)。在这个用例中 (图 4-2)，卫星通常不用于第一个接入端，因为用户将使用 WiFi 或 LAN 以太网连接。相反，SatCom 系统 (基于 GEO 卫星，这里是最自然的选择) 将作为区域/骨干中转网络为这些接入网提供服务。因此，这里考虑的是一个具有多个接入点的全球网络 (如互联网)，用户可以在某一给定时间 (有时是同一时间) 连接到该网络。既然传输可能涉及大量数据的交换 (双向)，并且因为用户应该能够从一个接入点漫游到另一个，因此显得很重要的是：① 系统能够不间断地提供服务 (或者至少是最低限度的服务中断)；② 避免发送数据两次，以免浪费资源。

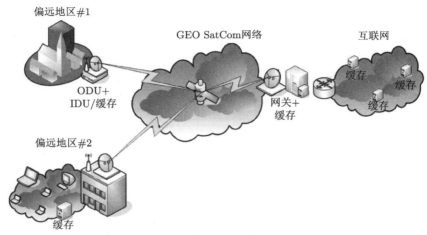

图 4-2   偏远地区的 VPN

至少有两种传输模式可供考虑：一种是广播/组播模式 (集中在卫星网关或其后面)，在这种情况下，需要一种适合卫星的可靠的组播传输协议。另一种是点对点模式，如果某单点位置需要被馈入 (如一个远程专业站点，像离岸平台)。从这个层面来看，如果只是将原生的传输协议专用于卫星，普通的 PEP 可能是无用的 (如果卫星链路运行在 Ka 或以上的波段，考虑到大的传播延迟和带宽变化)。

3. 灾害地区的信息分发

许多服务 (如那些在紧急情况、公共安全或军事通信中针对移动和/或个人终端所需要的) 都被认为是关键任务。为了应对任何地面基础设施不能部署或没有部署的偏远或危险地区，可以通过一个基于 LEO 星座的系统来确保接入，该系统在非常有限的频段 (如 L 波段) 与小型手持终端兼容。尽管如此，在所有其他地区仍由兼容的地面技术提供访问，以防止使用受限的卫星链路，这样就在受服务的台站数量方面增加了系统的容量。卫星，尤其是 LEO，是应急通信最佳和最可靠的平台，并且可以有效地执行以下任务：当地面基础设施遭到破坏或过载时；当必须连接移动终端时；当大部分通信只能在现场行动者之间进行时 (如应急协调)；当需要在小范围内进行广播/多播时等。本质上讲，一个基于 LEO 的系统可以归类为一个"空中网络"，因为多个 ISL 构成了一个完全网状的网络。这样的系统往往以路径分集著称，不只表现在空间段 (因为多颗卫星即可提供并发路线)，还表现在地面段，因为系统部署有多个网关，每个均可被选作外部网络 (如互联网) 的入口或出口。LEO 的网状功能还有一个优势，那就是适合用户与用户之间的直接通信。对于距离相对较近而又被隔离的用户 (如位于同一点波束下的终端)，只需单次卫星跳就足以获得最优路由。

4. 用户为中心的内容分享

信息软件技术 (information software technology，IST) 社会和数字服务的全球化已经表明，在短短 10 年的时间里，互联网已经远远不是一个只向终端用户提供匿名服务和数据的单向网络。自互联网诞生以来，群体或社区就不断增加。通信网络不仅仅是帮助人们保持联系的一种方式，而且有利于群体的创造和协作。世界范围内的一些项目，如维基百科 (Wikipedia) 或流行的开源软件 (如一些 Linux发行版) 都表明：如果人们有 (甚至部分有) 共同的目标，他们都会渴望协作，渴望互相帮助。协作组网的另一个例子是计算网格，它可以应用在小型网络上 (如在特定组织的规模上，直至互联网规模)。在组网领域，最著名的协作模型是 P2P 通信，其中客户端同意作为服务器，形成一个 CDN 叠加 (overlay) 网络 (图 4-3)，从而提升了数据的可用性和/或质量 (IP 语音和视频服务)。最近的一种模式是 "WiFi社区" 功能，由 ISP 针对居民所采用，即配置机顶盒 (set-of-box) 接入点向临时WiFi 用户提供连接，他们属于同一供应商的客户，并且接受将自己的机顶盒做同样的配置。

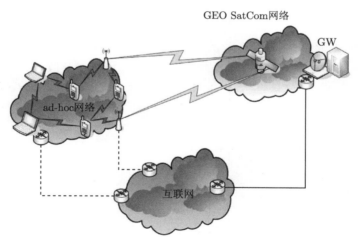

图 4-3　用户为中心的内容分享

根据定义，自组织网络 (ad-hoc networks) 在没有基础设施 (如固定接入点)支持的情况下运行，并且站点可能只有有限的连接性：与自组织网络的其余部分相连，和/或与其他网络和互联网相连。对于无线自组织网络，大多数时，限制来自无线通信情况下节点的运动 (进入和离开该自组织网络的无线覆盖区域)、电池的限制或者只是非永久性需求的服务使得运营商或用户不得不断开或关闭其设备。另外，卫星可为这些节点提供一个固定的、永久的和可靠的连接，使自组织网络在规模和时间上可能不受限制，只要自组织网络节点保持其可见性。有些网络架构的用例可能会被这种场景所拒绝，要么是自组织网络节点 (至少其中一些节点) 有可能建立一个卫星连接，要么在自组织网络中有一个或多个 (固定) 卫星接入点，它们构成最小且永久的基础设施。或者在自组网络中存在借助其他接入点的互联网连接方式；但是这个链路不一定对所有的服务都可用，或者它可能对该自组织网络的其他部分间歇性可用。

5. 4G-卫星混合内容分发

将卫星集成到地面 4G 基础设施中 (图 4-4)，使得服务提供商可以将其服务扩展到偏远地区。当不存在地面基础设施/替代的通信信道，或其部署成本昂贵时 (永久连通性)；当现有地面基础设施被破坏，而服务区必须由同等或甚至降级的服务迅速覆盖时 (临时连通性)；当它被特意修改以适应特定类别的服务时 (特定连通性)，卫星链路被视为一种提供连通性的手段。通用的情境首先是指基站馈送 [该服务通常称为回程 (backhauling)]，但是在某些情况下也指用户终端通过卫星直接接入。虽然可以恰当地认为这两个用例是不同的，但它们的技术实现可

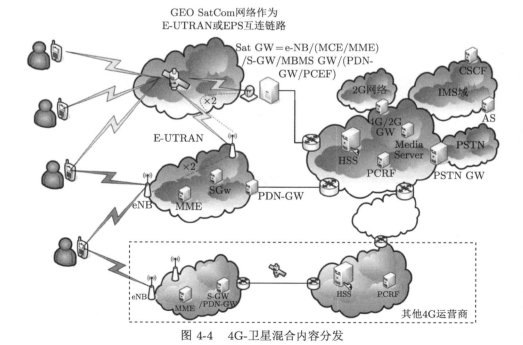

图 4-4   4G-卫星混合内容分发

能会有共同点，这主要是由于 4G 架构的扁平特性。卫星可用来将远程部署仅限于 eNB，在那些技术或经济上部署网关 (GW=S-GW/PDN-GW) 不可行的地区，如那里用户数不足 (如对于国家运营商来讲偏远小岛的领土覆盖区域)，则不会部署。此外，在通过卫星直接接入的模型中，根本不需要在边远/困难地区部署任何 e-UTRAN 或 EPC 实体。这一点很重要，因为 eNB 的安装成本很高，而且必须面对环境/技术上的限制及地方电信法规，所有这些都限制了其在空间、时间和人口覆盖范围内的部署。对于没有配备蜂窝基站的新站点尤其如此，但也部分适用于 eNB 中 BS 需要升级的地方。此外，与所提出的集中式部署相比，仍然不可忽视多个 eNB 的运行和维护相关的成本。此外，考虑到移动通信流量的预期激增，地面无线电频谱依然是一种稀缺资源，因此也可以设想卫星资源仍作为地面资源的补充。系统总体架构分解如图 4-4 所示。

4.1.2　物联网

1. 车辆到车辆的通信

基于机器到机器 (machine-to-machine，M2M) 通信的智能交通 (smart transport) 应用，作为一个适合在一些具体参数 (如车队管理、燃料消耗、故障预防、物流等) 中引入增强服务和提升效率的领域，正越来越受欢迎。用于智能交通的 M2M 的基本单位是移动节点，它可以包括任何东西：从公共或私人车辆 (如城市公共交通、出租车、公用/应急车辆、民用汽车等) 到集装箱等。这些场景的 M2M 方面涉及车辆与集中平台之间或车辆自身之间的数据交换。这些数据可以包括：用来通知集中式位置监测系统被追踪终端确切位置的位置信息 (即包含 GPS 地理坐标的数据包)、用来提供车辆状况监测的与车辆相关的传感器数据 (如油耗、车速、车况、引擎故障告警)、与车辆无关的传感器数据 (如外部温度测量、道路拥堵信息、局部危险信息等)、派发给车辆的信息 (如向出租车推送的服务请求或向公共安全车辆通报紧急情况)；这可能包括任何信息，从位置信息到事件的描述、运行状态信息 (包括来自/送达车辆的有关状态信息，如集装箱交付或紧急事件解决状态)、标准通信信息 (这个不一定是 M2M 通信，但属于汽车和集中式平台之间通用的数据交换)。大量适合 M2M 智能交通数据通信的信息为车队管理、公共安全应用和交通拥堵管理平台等众多应用提供了便利。在 M2M 智能交通场景中，关键的设计考虑涉及通信路径的定义。具体来说，可以确定以下几种情况：车辆到基础设施 (vehicle-to-infrastructure，V2I)，指所有通信都是在车辆和一个集中式平台之间进行的情况 (如车队管理应用)；车辆到车辆 (vehicle-to-vehicle，V2V)，指所有通信都在车辆之间进行的情况 (如协作式车辆应用)；混合 V2I/V2V，这种情况结合了上述两种通信路径，通常它涉及基于车辆本身和集中式平台之间数据交换的应用。SatCom 可以为 M2M 智能交通应用提供一个高效的框架，包括

以下场景：地面基础设施不存在或不足、与地面基础设施合作提供覆盖叠加、在
广袤地区频繁广播的 M2M 智能交通应用等情况。在为 M2M 智能交通提供框架
时，卫星网络可以作为主要的传输信道，也可以作为与地面网络协作的补丁网络
(假设采用多接口终端)。卫星网络本身可以包含 GEO、MEO 或 LEO 拓扑，每一
个都会导致在时延、复杂性和移动性支持之间的权衡。例如，GEO 网络会增加延
迟，但会带来较少且没那么快的切换 (如波束切换)，而 LEO 星座能提供低得多
的时延，但更易受快速切换和视距丢失的影响。在任何情况下，卫星网络通常将
覆盖 V2I 通信及潜在的 V2V 通信，前提是采用星型拓扑而且移动终端之间不存
在车辆自组织网络 (vehicular ad-hoc network，VANET) 链路。在后一种情况下，
LEO 星座更适合，因为 GEO 链路会导致通信延迟的大幅增加。将 M2M 通信与
基于卫星的 GPS 装置和基于位置的服务相结合，公司将从实时的信息中获益。所
提供的数据可以包括车辆位置、司机速度和雇员工作时间等。此外，通信技术的
发展还意味着人们很快就可以追踪到货物的装卸地点，甚至可以通过 M2M 确认
交货和付款。

2. 远端目标间的 M2M 通信

与地面无线网络相比，卫星 M2M 通信目前仍是一个相对较小的市场，但在
对难以触及的宝贵资产跟踪和监控日益增长的需求的带动下，这个市场正在不断
扩大。由于该技术的巨大优势，卫星 M2M 组网在广泛的政府和商业市场中越来
越受欢迎[5]。对于石油天然气、公用事业、运输物流等特定行业，大量资产部署在
蜂窝覆盖范围不足的偏远地区，除非使用卫星网络 (并在需要时部署)，否则 M2M
将成为一个昂贵的提议。卫星 M2M 是那些需要广泛覆盖的高端应用的首选，特
别是在海洋、无人居住或农村地区，以及用于执行环境监测、关键任务监测、视
频监控等。卫星 M2M 正在被重新审视，SatCom 使能的"物联网"(internet of
things) 范式越来越流行。在上述卫星 M2M 通信的情境中，卫星可以扮演以下
几个角色：部分设备的接入端，可以置于地面覆盖以外；针对散布在大区域的设
备的数据聚合或广播；与若干接入点互连的回程段，负责管理聚合的 M2M 流量。
它能够到达那些地面基础设施无法部署的困难地带；能够补充链路技术，为某些
服务提供额外的容量，或者增加系统的可用性。一些设备会被移动，卫星连接有
时可能是临时的，或者由于移动性而提供可变比特率的连接。可以考虑两种情况：
卫星连接是确定性的 (可预测的连接瞬间和/或链路可用的持续时间)，或者可能
是完全随机的。同时，业务模型可以是非常平稳的，或者相反，也可能因局部事
件 (如气象事件或应用的业务特征) 而是完全突发的。

3. 智能电网

智能电网应用/服务框架是信息通信技术 (information communications technology，ICT) 和能源融合发展最快的方向之一。尽管从发电、输电、配电到用电的能源网已经正常运行了数十年，但它仍然缺乏在所有其他网络中现成的自动化机制来提高效率。在监测 (实时和非实时)、分析和智能的规则/行动执行领域中，增强的 ICT 实践的可用性，伴随着人们对能源效率和减少环境足迹 (environmental footprint) 必要性不断提高的认识，构成了将若干新应用引入能源网格、实现若干目标的基础，例如，自动抄表 (automatic meter reading，AMR)、早期故障检测、预防性维护、技术和非技术损失的识别。一般来说，每个智能电网应用 (图 4-5) 的目标都属于以下两类之一：① 收集信息；② 基于对收集信息的分析来执行规则。在第二个层面上，智能电网应用可以指代下面能源网格的一个或多个部分：发电、输电/配电、用电。由于在这三个操作集及任何分类的功能子集中，都迫切需要监视、控制和 (最终) 优化，于是，基础设施、业务/操作模式及参与方的多样性就导致了在数据收集和行动方面的多重角色与访问权限。

图 4-5　卫星连接的智能电网

考虑到电网的规模 (如架空/地下配电网络)、电网元件的多样性 (变压器、断路器、感应负载、电表、导线等) 及智能电网应用潜在的巨大数量 (电流/电压质量测量、技术失败测量等)，完全有理由说，一套能够提供异构服务的智能电网基础设施将由多个低功耗设备组成，每个设备执行一项专门的服务 (如传感器数据)，然后共同形成具有特定网关点 (如功能容量增加了的聚合器设备) 的 ad hoc 网络。这些网络通常都以 ad hoc 的方式自组织起来。卫星网络可以作为地面 ad hoc 基础设施的网关网络。从卫星技术的角度来看，最近的研究活动解决了专门适用于卫星上类似 M2M 通信的低功耗、随机访问方案等问题。此外，使用卫星网络作为地面传感器网络的网关，可以改善电网传感器的数据收集；可以解决与地面无线网络 (如 3G/LTE) 的协作，其中，卫星网络管理来自那些地面连通性有限或者根本没有的地区的数据收集。

4.2   基于 ICN 架构的未来卫星通信

4.2.1   ICN 架构概述

当前的互联网体系结构建立在以主机为中心的通信模型之上，这种模型适合于应对早期互联网用户的需求。然而，互联网的使用已经发生了变化，大多数用户主要感兴趣的是访问 (大量的) 信息，而不在乎其物理位置。互联网使用模式的这种范式转变，以及对更好的安全性和移动性支持等方面的迫切需求，已经引领研究人员考虑对互联网架构进行彻底的变革。在这个方向上，我们见证了许多研究工作，正在探索将信息中心网络 (information centric networking, ICN) 作为构造未来互联网的基础[109]。通过在网络层对信息进行命名，ICN 有助于部署网内缓存 (或通常称为存储) 和组播机制，从而促进信息向用户的高效和及时传递。然而，ICN 的意义不仅仅是信息分发，相关的研究计划正采用信息感知 (information-awareness) 的手段，来解决当前互联网架构中一系列附加的限制，例如，移动性管理和安全执行，从而实现未来互联网的全部需求和目标。

现在我们介绍 ICN 的主要概念和原理 (更广泛的教程及各种 ICN 架构的综述参见文献 [109])。

(1) 聚焦信息标识符。ICN 通过明确的位置与身份相分离，从根本上将信息与其来源解耦。其背后的基本假设是信息的命名、寻址和匹配都与它的位置无关，因此它可能位于网络的任何地方。在 ICN 中，不指定用于通信的源-目的主机对，而是命名一条信息本身。从主机命名模型转向信息命名模型的一个间接影响 (也是好处)，就是信息检索变成了由接收方驱动。与当前互联网中发送方对交换的数据拥有绝对的控制权不同，在 ICN 中，除非接收方明确请求，否则，不能接收任何数据。在 ICN 中，一个请求发出后，网络负责定位能够提供所需信息的最佳来源。因此，信息请求的路由基于一个与位置无关的名字 (或标识符) 来寻找信息的最佳来源。

(2) 聚焦信息传递。在 ICN 中，网络不仅可以通过定位原始的信息源来满足信息请求，而且还可以利用 (可能有多个) 网络缓存，这些缓存保存着所需信息 (或信息分片) 的副本。由于 ICN 中的网络层直接对命名的信息进行操作，因此不需要借助于附加的、专用的和昂贵的叠加 (overlay) 方案 [如内容分发网络 (content

delivery network，CDN)] 即可实现。数据包根据它们所携带的信息来命名，从这个角度来讲，基于 ICN 的架构可以看到透明的数据包。因此，信息片段 (在当前的术语中就是包) 可以很容易地被缓存和检索，而不像在当前的互联网中，必须使用像深度包检测 (deep packet inspection，DPI) 这样昂贵的方法，来响应针对缓存在路由器上的数据/包的请求，更不用说当包被加密时 DPI 无法工作了。此外，通过对信息进行命名，ICN 允许对同一信息的请求进行聚合，从而便于通过组播转发将其传递到相应的目的地。最后，访问控制 (access control) (即允许谁访问哪些数据) 可以直接应用于网络层，因为网元清楚每个包内正在传输什么信息。

(3) 聚焦移动性。在 ICN 中，主机的移动性问题是通过采用发布/订阅 (publish/subscribe) 通信模型来解决的。在该模型中，对信息感兴趣的用户订阅它，即向网络表示对该信息的兴趣，而提供信息的用户向网络发布信息广告。在网络内部，代理 (broker) 负责将订阅和发布进行匹配，也就是说，它们提供了一个会合 (rendezvous) 功能。值得注意的是，ICN 上下文中使用的发布/订阅术语与传统 (应用层) 的发布/订阅系统的术语有所不同。在传统的发布/订阅系统中，发布涉及数据的实际传输，而订阅的结果是接收未来发布的数据，而接收先前发布数据的能力是可选的。另外，在 ICN 中，发布仅涉及向网络公布信息的可用性，而订阅默认指的是已经可用的信息 (或者可能是未来可用的信息项，但需要提供一次服务)，同时将永久订阅选项 (即接收与单个订阅匹配的多个发布) 保留为可选。发布/订阅通信模型的强大之处在于发布和订阅操作在时间与空间上是解耦的。发布者和订阅者之间的通信不需要时间同步，也就是说，发布者可以在任何订阅者请求之前发布信息，订阅者可以在发布公告之后或之前发起信息请求。发布者通常不掌握对订阅者的引用，也不知道有多少订阅者正在接收特定的发布；类似地，订阅者通常也不掌握对发布者的引用，也不知道有多少发布者在提供信息。这些特性使得移动性得到了有效的支持：移动节点可以在切换之后简单地重新发布对信息的订阅，而网络则可以将这些订阅定向到附近的缓存而不是原始的发布者。

(4) 聚焦安全。互联网的许多安全问题，在很大程度上是由应用层的信息语义与单个 IP 包中不透明的数据之间的脱节所造成的。这给将问责机制集成到整个体系结构中带来了沉重负担。像 DPI 或合法拦截这类点上的解决方案，它们试图恢复实际信息语义与散落在单个包中的数据之间断裂的联系。但是，这样做的成本相对较高，因此只适用于如执法等关键问题。结果，尽管安全的端到端连接普遍存在，但整体的互联网架构仍然无法自我保护以免受恶意攻击，并且数据也不安全。与此同时，缺乏问责框架是一个需要克服的关键限制，该框架能够以非侵入性和非歧视性的手段发现不当行为并减轻其影响，同时保持互联网的广泛接入能力，并确保数据安全和通信隐私 (即向非授权方隐瞒双方之间发生了通信)。相比之下，ICN 架构是兴趣驱动的，也就是说，除非用户明确请求特定的信息片段，否则不会有数据流。这有望大大减少不必要的数据传输的数量 (如垃圾邮件)，并且有利于在处理"可用性"和"兴趣"信令的网络点上部署问责和取证机制。此外，对于采用自认证 (self-certifying) 名字来代表信息的 ICN 架构，恶意数据的过滤甚至有可能通过网内机制实现。最后，大多数 ICN 体系结构在请求某信息的用户和拥有该信息的用户之间增加了一个间接点 (point of indirection)，从而将双方之间的通信解耦。这种解耦可以成为对抗拒绝服务 (denial of service) 攻击的一个步骤，因为请求可以在到达最终目的地之前，在间接点接受评估。间接层也有利于用户隐私，因为发布者无须知道其订阅者的身份。

4.2.2　ICN 与星地一体化网络

在本节中，我们将讨论星地一体化网络如何从 ICN 中获益。特别地，我们提出了一个特定的 ICN 体系结构，即发布-订阅网络互连 (publish-subscribe inter-networking，PSI)[①]，以及一体化方案；我们还检视了 ICN 在支持 SatCom 应用和用例方面可以带来的优势。总体架构如图 4-6 所示。

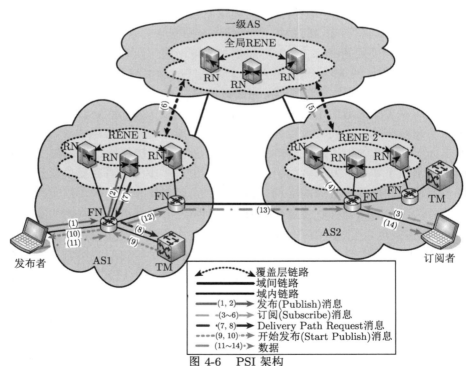

图 4-6　PSI 架构

RN 代表会合节点，RENE 代表会合网络，FN 代表转发节点，TM 代表拓扑管理器 (该图来自文献 [109])

---

① 在文献 [108] 中可以找到关于 PSI 架构更广泛的 (但也是教程风格的) 描述。

1. 发布-订阅网络互连

PSI 是一种全新的互联网架构，它包含三个关键的独立功能，支持通过发布-订阅操作进行信息交换：会合 (rendezvous)、拓扑管理和转发。当会合功能匹配了某个订阅与发布时，它将指示拓扑管理功能在发布者与订阅者之间创建一条路由。该路由最终由转发功能使用，以执行实际的数据传送。

(1) 命名。PSI 中的信息对象由 (统计学上①) 唯一的 ID 对来标识，即作用域 ID (scope ID) 和会合 ID (rendezvous ID)。作用域 ID 对相关信息对象进行分组，而会合 ID 则是特定信息片段的真实标识。信息对象可以属于多个作用域 (可能具有不同的会合 ID)，但它们必须始终属于至少一个作用域。作用域作为一种手段：① 在给定的上下文中定义信息对象集；② 根据该作用域的某种传播策略实施"边界"。例如，发布者可以将一张照片置于"朋友"作用域和"家庭"作用域下，而每个作用域具有不同的访问权限。虽然 PSI 的会合 ID (名字) 是平面的，但作用域却可以组织在各种形式的作用域图 (包括分层结构) 中，因此，一个完整的名字由一个作用域 ID 序列和一个会合 ID 组成。

(2) 名字解析与数据路由。名字解析由会合功能处理，它由一个会合节点 (rendezvous node，RN) 的集合，即会合网络 (rendezvous network，RENE) 实现，如下所述。RENE 可以实现为分布式哈希表 (distributed Hash tables，DHT)，而全局 RENE 可以实现为分层的 DHT[41]。当发布者想通告一个信息对象时，它会向其本地 RN 发出一条发布 (PUBLISH) 消息，该消息由 DHT 路由到被分配了相应作用域 ID 的 RN (箭头 1 和 2)。当订阅者向其本地 RN 发出相同信息对象的订阅 (SUBSCRIBE) 消息时，DHT 将其路由到同一个 RN (箭头 3~6)。然后，RN 会指示拓扑管理器 (topology manager，TM) 创建一条连接发布者和订阅者的路由，以进行数据传递 (箭头 7 和 8)。TM 在开始发布 (START PUBLISH) 消息 (箭头 9 和 10) 中向发布者发送该路由，发布者最终使用该路由通过一组转发节点 (forwarding node，FN) 发送信息对象。TM 通过分布式路由协议 (以发现网络拓扑) 实现拓扑管理功能，如开放最短路径优先 (open shortest path first，OSPF)。实际的传递路径是根据会合功能的请求计算的，作为 FN 之间的一系列链路，并利用基于布隆滤波器 (Bloom Filter) 的方法将其编码到源路径中。具体来说，每个网络节点给自己的每条输出链路都分配一个标签 (tag)，即由一组散列函数产生的长比特串，并通过路由协议通告这些标签。然后，通过对其组成链路的标签进行或操作 (ORing)，就编码成了一条穿过网络的通道，并将所产生的布隆滤波器包含在每个数据包中。当数据包到达 FN 时，FN 只需将它输出链路的

---

① 这种选择是为了让发布者能够独立地选择会合 ID。同一个 ID 对不同信息项的引用，例如，可以由会合节点来确定，而不需要通过考虑元数据来访问实际的信息项。如果在会合 ID 中检测到"碰撞"(collision)，则可能会有解决碰撞的过程，例如，请求更改其中一个 ID。

标签与该数据包中的布隆滤波器进行与操作 (AND)；对于每一个匹配的标签，数据包都会通过相应的链路进行转发。这样，FN 中维护的唯一状态就是链路标签列表。只需将整个组播树编码到单个布隆滤波器中，即可实现组播传输。

属于同一信息对象的后续数据包可以由订阅者单独请求，采用如演算 ID (algorithmic ID) 的概念，即由通信实体同意的算法生成包的 ID。这些请求被类似地转发给数据包；使用由 TM 计算的反布隆滤波器，它们可以绕过 RENE。这样就可以实现传输层协议，例如，通过待处理请求的滑动窗口来实现。进一步，还可以推广到多源和多路径传输[98]。

在 PSI 中，名字解析和数据路由是解耦的，因为名字解析是由 RENE 完成的，而数据路由则由 TM 组织，并由 FN 执行。尽管名字解析可能很耗时，但数据转发却可以线速进行，而无须在 FN 上放置任何状态[50]。此外，路由和转发的分离允许 TM 使用复杂的标准 (如负载均衡) 来计算路径，而不需要向 (无状态的) FN 发送信令。另外，这里所描述的拓扑管理和转发功能仅能满足于域内的情况，需要对域间层面进行扩展 (如使用标签交换)。

缓存。PSI 可以同时支持路上 (on-path) 和离路 (off-path) 缓存。在路上情况下，转发的数据包被缓存在 FN 中，以便可能为后续请求提供服务。然而，由于名字解析和数据路由的解耦特性，路上缓存可能不是很有效，因为对同一信息对象的请求可能到达同一个 RN，而实际的数据传送则可能沿完全不同的路径。在离路情况下，缓存作为发布者运行，向 RENE 发布可用的信息。就像在 CDN 中一样，被管理的信息副本 (在"代理"中) 也能得到 PSI 架构的有效支持[108]。

移动性。组播和缓存的使用极大地方便了移动性。基于主机移动 (局部、全局) 和技术 (当只涉及单一技术时为静态，当执行垂直切换时为动态)，考虑了四种类型的移动性情况。本地的用户移动性可以通过组播和缓存来处理，即通过将信息对象组播到移动用户的多个可能位置，以及移动用户在切换之后从附近的缓存接收信息对象。全局的用户移动性通过修改架构的转发功能来处理。移动性预测可用来减少切换延迟，即将用户请求的信息缓存到用户在切换后预计移动到的区域[99]。发布者的移动性比较困难，因为必须将发布者在网络中的新位置通知拓扑管理功能 [但是在固网中具有锚点 (即代理) 的移动设备可以轻松绕过这一点]。

安全。发布-订阅范式可以看作对传统的发送-接收范式中发送者和接收者之间力量不平衡的一种补救。这种不平衡通常是由于 (分布式) 拒绝服务 (distributed denial of servic, DDoS) 攻击数量的增加和垃圾邮件的出现而引起的。在 pub/sub 系统中，只要接收者没有对某一特定信息表示兴趣，就不存在信息流，也就是说，在 pub/sub 架构中，接收者能够指示网络应该向其传送哪些信息。编码到布隆滤波器的路径可以使用动态链路标识符，这使得攻击者无法构造布隆滤波器，甚至无法重用旧的布隆滤波器来发起 DoS 攻击[50]。

此外，尽管该模型非常强大，以至于可以在相应的发布之前进行订阅，虽然从发布者那里还请求不到任何信息，除非发布者明确宣布该信息的可用性，即在发布者释放发布消息 (针对特定信息片段) 之前不行。发布和订阅操作在时间与空间上是解耦的，也就是说，它们不必同步，也不会相互阻塞。此外，发布者和订阅者并不直接通信，他们可以隐瞒彼此的身份，因为通常来说，订阅者只是对信息本身感兴趣，而对是谁提供的不感兴趣；而发布者通常使用组播来传播作品，所以他们不可能 (通常也不应该) 完全了解作品的接收者。因此，在 pub/sub 架构中可以轻松地实现匿名。PSI 还支持包级身份认证 (packet level authentication, PLA) 方法，用于对单个数据包进行加密和签名。这种技术确保了数据的完整性和机密性，以及对恶意发布者的追责。PLA 可以用来在 FN 或最终目的地对数据包进行检查。平面化的名字还支持不可变数据对象使用自验证名字，即采用对象的哈希作为会合 ID，并针对自验证名字检查接收项。此外，有了 RN 这个网络中的一个点，订阅和作品 (且元数据可用) 在这里得以匹配，就可以有效地部署访问控制机制。进一步讲，对无处不在的网络内存储应用轻量级、快速的访问控制是必要且可能的，如通过访问控制委托机制[42]。

发布-订阅架构还提供了良好的可用性，因为会合网络通常使用 DHT 来实现，而 DHT 通常以一些通信延展为代价提供有效的负载均衡。此外，多归属也可以很容易被支持，因为多个发布者可能向一个 RENE (甚至是多个独立的、并行的 RENE) 发布同一作品的公告。因此，RN 可以有许多满足订阅的选项，从而提高了可用性。进而，通过组播改善资源共享，可以轻松地实现和利用订阅聚合，从而再次提高可用性。最后，已经为 PSI 开发了缓解垃圾邮件和保护隐私的安全解决方案。

2. 迁移星地一体化网络到 PSI

在本节中，我们讨论如何对 PSI 的核心功能进行扩展和调整以适应 SatCom。

名字解析。由于 RN 可能需要大量内存，因此在大多数情况下，在卫星上实现会合功能不是一个可行的解决方案。这对于弯管卫星系统 (透明的 GEO 卫星) 来说，情况通常如此。然而，在特定的任务或配置中，在星上具备这样的会合功能也可能会带来一些真正的好处。

(1) 如果卫星终端发起的会合交换不必被转发到地面以抵达网关，馈源链路上的信令流量可能会大大减少。

(2) 与此同时，会合的延迟也可以大大减少。这对于低延迟服务可能很重要，因为发布的数据必须尽快被订阅者接收到。

从实际情况来看，人们只会在 LEO 星座系统中考虑 RN，而且只是为了少量紧急数据。这只能解决一些非常具体的任务。需要注意的是，这个特定的部署假设存在一个辅助的地面连接。

数据路由。基于布隆滤波器的数据转发可以用于卫星环境中，卫星域内的转发树在 GW 处结束 (或开始)。通过这种方式，GW 扮演着卫星终端 (无论是订阅者还是发布者) 专用转发器的角色。从某种意义上说，这意味着 GW 可以跟踪哪些节点将它们作为发布或订阅数据的代理。为此，如果发布者/订阅者不是卫星终端而是独立的终端主机，则可以合理地设置代理功能，以增强 GW 级的可伸缩性。这样，GW 就像一座桥梁，在网络侧，它使用基于布隆滤波器的转发技术来转发包，而在终端主机侧，它可以采用任何转发机制，通过一个表将转发标识符映射到终端主机地址；反之亦然。这样，即使流量导向 GW 的原因是假阳性 (false positive) [1]，如果映射表显示没有人曾注册过它，GW 仍然可以丢弃它 (因此，卫星链路将不会被占用，并保持不受假阳性的影响)。为了避免在具有多卫星链路 (网状系统、多点、多卫星系统，即存在多个载波从 GW 发出的系统) 的 GW 处出现假阳性路由，可以在常规布隆滤波器的转发操作之上进行一些额外的检查，以确保没有使用不必要的链路。

拓扑管理。本地 TM 可以用于卫星域。对于多 GW 系统，每个 GW 可以承载一个本地 TM，基于从与之连接的卫星接收到的链路信息来维护整个卫星网络的视图。这个视图可以包括网络拓扑和各种链路的负载。在分布式实现的情况下，这些 TM 可以在它们之间共享报告 (最好是通过地面链路)，这样任何一个 TM 都可以响应来自 RENE 的关于连接发布者和订阅者的最佳路径的查询。在集中式方案中，所有本地 TM 可以将它们的报告发送到一个中央 (域) TM，由它负责回答来自 RN 关于卫星网络内最佳路径的查询。

3. 部署和过渡问题

关于部署一个新架构的目标时限范围的质疑及迁移的争论是无法避免的。这里主要担心卫星产业普遍存在的漫长的开发周期。这个问题最主要涉及空间段，不过，地面段 (网关和终端) 也会受到影响。在实践中，系统演进可能需要很多年。可以考虑以下迁移策略。

短期迁移。可以开发基于现有技术的隧道解决方案，如"IP 上的 ICN" (或以 TCP 上的 ICN 或 UDP 上的 ICN 等替代形式)。这对核心的卫星网络实现的影响将会很低，因为不需要改变现有的接口和控制平面的功能。为了最大限度地减少卫星方面的变化，RENE 结构可以完全分离并独立于 SatCom 网络，而且可以由一个单独的服务提供商进行管理。总体概念如图 4-7 所示。

中期迁移。较长时期来看，可以使用仍基于现有转发接口的卫星接入网来实

---

[1] 由于使用了布隆滤波器，可能会出现假阳性 (误报)，并导致数据包被 (错误) 路由到网络中的其他路径上。它们可以通过限制网络的直径来控制 [50]。

现向 ICN 的迁移，但也必须能与不支持 IP 的原生 ICN 网络互连互通。在这种情况下，必须至少有一个本地域间/域内拓扑管理功能托管在卫星段上。一种替代方案就是将此功能外包给 ICN 传输网络，该网络与卫星域互连并掌握卫星拓扑、链路状态、可用资源等方面的知识。总体概念如图 4-8 所示。

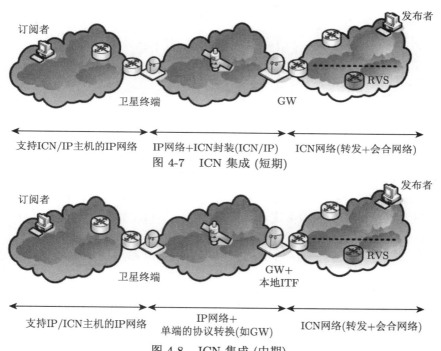

图 4-7　ICN 集成 (短期)

图 4-8　ICN 集成 (中期)

也许以后，SatCom 系统至少会在集中式的体系结构中额外支持本地会合功能。GW 具备会合功能的需要往往与系统的目标有关。例如，对于通用的宽带接入系统，这可能不是一个关键问题。另外，对于提供许多/重要增值服务 (如宽泛的内容分发) 的任何其他系统，在卫星域内实现 RN 将有利于在信息和内容管理 (划界、过滤和聚合) 的控制方面获得更好的灵活性。

长期迁移。从长远来看，卫星终端和网关可以完全是双栈的 (IP/ICN)，或者只是实现 ICN 的接口和功能。卫星组网的特性是通过针对 PSI 体系结构所有核心功能的定制策略来实现的。卫星网关 (或由 SatCom 接入供应商管理的网关附近的专用服务器) 通常将实现 RN、TM 和缓存。GW 现在将作为一个 ICN 的转发节点。总体概念如图 4-9 所示。

4. ICN 对星地一体化网络的影响

现在，我们来检视 ICN 如何影响以下场景：① 混合广播 IPTV；② 智能 M2M

传输；③ 扩展蜂窝 (4G) 回程。对于每一个场景，都提出了相关问题，并阐述了 PSI 的实质作用及益处。详细讨论了混合广播 IPTV 场景，而其他两个场景的小节则描述了与第一个场景相比的主要区别。

图 4-9　ICN 集成 (长期)

混合广播 IPTV 场景。这一场景为 SatCom 与未来媒体互联网 (future media internet) 的融合铺平了道路。典型的用例是具有经典星型拓扑的 GEO 卫星系统与陆地网络的融合。服务提供涉及两个或三个独立的参与者，即内容提供商 (content provider，CP)、接入提供商 (access provider，AP) (卫星和地面) 及可选的中转提供商 (transit provider，TP)，以实现内容和接入提供商的互连。整体架构如图 4-10 所示。

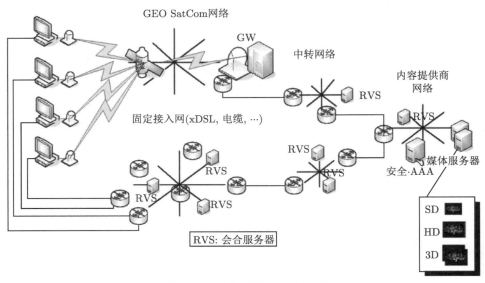

图 4-10　混合广播 IPTV 场景

PSI 体系结构利于协作的服务供应，其中，CP 通过对接入网进行 "轮询"

(poll) 以确定最佳转发路径,借助于 PSI 功能的分层组织方式 (CP 位于顶层)。CP 可以管理核心 RENE 和服务器。该网络还可以托管域间拓扑管理器或者至少一个本地拓扑管理器 (即如果每个接入域分配了一个 TM)。本地 RN 也可以在卫星网关附近实现,以达到负载均衡的目的。这种设计选择使得 CP 可以管理内容在自己网内的传播,并协助接入网在尽可能靠近转发节点的位置找到已发布的内容。协同服务供应的级别取决于经济 (即成本最小化) 及技术标准 (即 QoS 保证、所需带宽、计划广播的日期和时间、特定内容的订户数量和地域分布、内容的流行度等),并可能促成以下结果。

(1) 影响路由决策 (即使用哪个网络)。

(2) 支持实现从一种连接模式到另一种连接模式的切换 (如在链路故障的情况下)。

(3) 支持网络间的负载均衡。

(4) 将业务流拆分为若干部分,分别通过两个网络发送 (在这种情况下,策略性的决策就是如何进行拆分);采用分层视频编码,如可伸缩视频编码 (scalable video coding,SVC) 或多视图视频编码 (multi-view video coding,MVC),通过卫星发送基础层 (base layers),同时通过地面发送增强层 (enhancement layers)。

(5) 从一个网络发送流量,而从另一个网络接收流量,这对于非对称卫星系统特别有吸引力。

(6) 在网络间共享 RN。

(7) 共享缓存 (增加每个网络所看到的缓存容量),尤其是与随选服务 (on demand services) 相关的缓存,因为内容可以动态缓存在卫星网关和陆地接入点附近。

像多协议标签交换 (multi-protocol label switching,MPLS) (-TE,带有流量工程扩展) 这样的路由协议或其在未来互联网情境中的演进,或者像基于策略的路由 (policy-based routing,PBR) 规则 (如思科基于 IOS 的路由器所支持的) 这样更简单的机制,都是与 QoS 相关的转发路径和网络选择的实现示例。在随选服务设置中,能用来优化基于 PSI 的卫星通信性能的其他重要技术是缓存管理 (缓存哪些内容项及在哪里缓存),以及控制更新和数据覆盖的定时策略。缓存选择的决策可以与接入网的选择共同完成。

智能 M2M 传送。这一场景为 SatCom 与物联网 (internet of things,IoT) 的融合铺平了道路。SatCom 可以为海事、航空和快速铁路等环境中的 M2M 智能传送服务提供一个高效的框架,尤其是在下述情况:

(1) 当地面基础设施不存在或不够用时。

(2) 当与地面基础设施协作,扩大覆盖范围时。

(3) 当要增强所提供的服务时,即利用基于卫星的 GPS 单元和基于位置的服务，最终用户将从实时信息 (如车辆上传送的基于位置的数据) 中受益。

卫星网络本身可以位于 GEO、MEO 或 LEO 卫星之上，通常将覆盖 V2I 通信，并有可能在车辆远离 V2V 范围时支持 V2V 通信，扩展了对 VANET 的支持。从本质上讲，基于 LEO 的系统可以归类为 "空中网络"(network in the sky)，因为多个 ISL 构成了一个完全网状 (mesh) 的网络。带有单个卫星跳的网状 LEO 通信可以实现最佳路由。在这种情况下，由于拓扑是完全确定的，因此可以在星座内采用静态策略；但也可以预期，未来将进一步发展基于星上处理，并考虑 QoS 及链路负载的真正的动态路由。由此，一个好的短期选择是基于纯 IP 路由，正如最近思科的 IP 太空路由 (IP routing in space，IRIS) 计划所展示的那样[27]。从中期来看，卫星的存储能力预计将会增加，这将有助于提供大量服务。更一般地说，LEO 卫星的机载能力代表着处理和/或存储数据的良好机会，正如 PSI 特性所要求的那样。LEO 网络不仅可以作为接入网 (之一)，而且还可以承接 ICN 的功能，特别地，一些名字解析 (会合) 和路由功能 (TM) 可以直接在 LEO 卫星上实现。此方案的第一步是将所有与 PSI 相关的元数据存储在卫星上，这只需要有限的卫星存储和处理资源。这也将导致 PSI 性能和 LEO 节点处理负载之间的权衡 (结果从技术经济角度来看，可能会影响其适用性)。如果有更多可用的存储资源，而且链路容量也够大，星上缓存则会通过减小延迟、提高吞吐量来提升 QoS。其他面向内容的功能 (过滤、聚合等) 也可以方便地集成在星上。最后，LEO 星座显著地降低了传播延迟，这也直接影响了全局的体验质量 (quality of experience，QoE)。为了优化基于 PSI 的 SatCom 在智能 M2M 传送服务情境中的性能，需要考虑的重要技术方面包括：① 分级命名；② 机会性内容转发和缓存；③ 发布者的移动性。M2M 数据来自多个移动终端，归属于不同且可变的具有异构元数据的范畴。这些元数据是空间和时间相关的，且具有基于时间戳的有效期。必须采用高效的命名层次结构，以方便完成以下工作：信息对象分类、信息优先级划分 (如关乎安全或车辆状况的告警与普通的测量)、范围界定等。由于许多 M2M 应用程序都包括将多个数据项从远端数据源传输到业务中心，因此，将所有这些数据作为孤立的发布来处理可能会导致可扩展性问题。关于命名技术支持信息聚合的能力，正在研究中。通常，这还会涉及更高层的聚合 (如会合和拓扑管理功能)。为了最大化能量效率，也可能会用到机会性内容推送缓存管理技术。根据具体情况，内容存储有三个主要方面需要解决：① 在 SatCom 网络节点 (如卫星网关或 LEO 节点) 中进行缓存；② 在星地一体化的情况下，机会性地向地面网关转发内容；③ 在移动终端中进行缓存；后者被认为是对所提议的 VANET 架构的增强。具体地说，VANET 场景中的车辆可以存储内容，以中继到另一车辆 (通过地面网络)。然而，这个功能可以扩展，以有效地使车辆成为 PSI 节点，即那些能够通过缓存的副本来满足内容请求的节点。

在 M2M 场景中，订阅者和发布者都可以是移动的。为了在发布者移动时减少 RENE 更新的收敛时间，可以考虑集中式的会合功能。发布者在卫星和地面网络之间的移动性可能会产生影响。最后，除了通用 PSI 的优势，重要的附加好处来自对延迟/中断容忍网络 (delay/disruption tolerant network，DTN) 的内在支持；来自或指向车辆的内容可能由于某些原因而遭受意外的延误，如因城市环境中的隔阻而暂时失去视距，或因天气条件而影响了卫星通信。

扩展的 4G 回程方案。鉴于 (地面) 移动网络中视频流量的迅猛增长水平，这种方案在蜂窝/移动互联网环境中的卫星通信集成方面具有优势。将卫星通信集成到地面蜂窝基础设施中，使得服务提供商能够将其服务扩展到偏远地区，并利用如演进的多媒体广播组播 (evolved multimedia broadcast multicast，eMBM) 等技术增强网络能力，以实现更高效的视频内容分发。卫星网络本身通常可以包含 GEO 或 MEO 拓扑。在某些地区，地面中继器 (如基于 DVB-SH 和-NGH 的系统) 也可用于增强卫星信号，如用于城市地区的接收 (卫星-LTE 混合系统)。

PSI 集成的主要好处来自基于 QoS 的构件间切换管理。长期演进 (long-term evolution，LTE) 中的构件间切换，即采用不同回程技术的 LTE 无线接入网 (radio access network，RAN) 节点间的切换，时延抖动大而导致性能下降。通常情况下，处理构件间切换情况的 PSI TM 功能，可以在路径选择和数据转发中包含 QoS 机制。此外，主动或机会性的转发和对内容缓存的支持可以通过在基站使用卫星回程转发和缓存内容来辅助进一步的无缝切换，以避免对移动用户的连接在延迟抖动方面产生任何明显的变化。在切换后的最初阶段，通过发送缓存的内容，可以实现无缝的服务连续性。另外，卫星信道上的切换信令也会导致延迟发生。这在流媒体应用 (即向移动用户持续传送数据) 中也可以通过缓存的内容得以缓解。在从卫星回程基站到另一个基站的切换中，同样利用缓存，可以再次感受到 PSI 的类似好处。在这种情况下，内容交付不受 RTT 改变 (减少) 的影响 (通常 RTT 的变化可能会导致内容的无序交付)，因为可以在切换后的最初阶段，通过从基站发送已缓存的内容来解决。如前面所述，PSI 核心功能与 QoS 支持功能、卫星资源利用和带宽按需机制的联合优化，将进一步优化集成网络的性能。例如，对于传统的回程服务，网络运营商可以根据需要对内容的交付、缓存和管理进行精细控制，而不是依赖于固定的容量分配，当需要传输的流量减少时，某些资源必定得不到充分利用。也可以进行单次的访问控制和计费，即按每个对象、每个用户或者每个用户及终端 (在线或离线收费、对象定价等)，甚至每次通过地面网络路由对象的决定。

最后，利用卫星媒介作为回程链路，偏离了蜂窝网络中关于核心网安全性可接受的安全策略。不过，在 PSI 组网环境中，pub/sub 范式中的内容本身和订阅者都是经过身份认证的，这就减轻了这种担忧。

4.2.3　结论

　　星地一体化网络在未来信息中心或内容中心互联网环境中，具有巨大的潜力，可以非常灵活地为用户和供应商提供所需的弹性、性能、安全性和健壮性。

参 考 文 献

[1] IRTF network coding for efficient network communications research group (NWCRG) [date of access Nov 2021]. https://irtf.org/nwcrg.

[2] Leosat enterprises contracts first customer. http://tinyurl.com/gln7vsp.

[3] Web site of the multipath tcp linux kernel implementation. http://multipath-tcp.org.

[4] Wikipedia page of multipath tcp with url [date of access may 15, 2016]. https://en.wikipedia.org/wiki/Multipath_TCP.

[5] SAMOS (Satellite Machine-to-Machine Services Market Survey), Final Report, 1998.

[6] B. Adamson, C. Bormann, M. Handley, and J. Macker. Nack-oriented reliable multicast (norm) transport protocol. Technical report, IETF RFC 5740, November 2009.

[7] R. Ahlswede, N. Cai, S. y. R. Li, and R. W. Yeung. Network information flow. *IEEE Transactions on Information Theory*, 46(4):1204-1216, July 2000.

[8] I. F. Akyildiz, Xin Zhang, and Jian Fang. Tcp-peach+: enhancement of tcp-peach for satellite ip networks. *IEEE Communications Letters*, 6(7):303-305, July 2002.

[9] X. Alberti et al. System capacity optimization in time and frequency for multibeam multi-media satellite systems. In *Advanced Satellite Multimedia Systems Conf.*, pages 226-233, Sep. 2010.

[10] P. Angeletti, R. De Gaudenzi, E. Re, and N. Jeannin. Multibeam satellite communication system and method, and satellite payload for carrying out such a method. *U.S. Patent WO 2014 001 837*, 1, Jan. 2014.

[11] P. Angeletti, C. Mangenot, and G. Toso. Recent advances on array antennas for multibeam space applications. In *2013 IEEE Antennas and Propagation Society International Symposium (APSURSI)*, pages 2233-2234, July 2013.

[12] J. Anzalchi and M. Harverson. Generic flexible payload technology for enhancing in-orbit satellite payload flexibility. In *25th AIAA International Communications Satellite Systems Conference*, Sept. 2007.

[13] A.I. Aravanis, B. Shankar, M.R., P.D. Arapoglou, G. Danoy, P.G. Cottis, and B. Ottersten. Power allocation in multibeam satellite systems: A two-stage multi-objective optimization. *IEEE Trans. on Wireless Commun.*, 14(6):3171-3182, June 2015.

[14] T. Azzarelli. Oneweb global access. http://tinyurl.com/z4jtcwl.

[15] S. Barré, C. Paasch, and O. Bonaventure. *MultiPath TCP: From Theory to Practice.* IFIP Networking, Valencia, 2011.

[16] L. Bertaux, S. Medjiah, P. Berthou, S. Abdellatif, A. Hakiri, P. Gelard, F. Planchou, and M. Bruyere. Software defined networking and virtualization for broadband satellite networks. *IEEE Communications Magazine*, 53(3):54-60, March 2015.

[17] J. Border, M. Kojo, J. Griner, G. Montenegro, and Z. Shelby. Performance Enhancing Proxies Intended to Mitigate Link- Related Degradations. RFC 3135 (Informational), June 2001. http://www.ietf.org/rfc/rfc3135.txt.

[18] M. Bousquet, J. Radzik, M. Jeannin, L. Castanet, P. Thompson, and B. G. Evans. Broadband access terabit/s satellite concepts. In *Proc. of the 29th AIAA International Communications Satellite Systems Conference*, 28 November - 1 Nara, Japan, December 2011. ICSSC.

[19] Tom Butash and Barry Evans. Ijscn special issue on ka band and high throughput satellites, *International Journal of Satellite Communications and Networking*, 2016.

[20] M. A. Vazquez Castro and G. S. Granados. Cross-layer packet scheduler design of a multibeam broadband satellite system with adaptive coding and modulation. *IEEE Trans. on Wireless Commun.*, 6(1):248-258, Jan 2007.

[21] A. Catalani, L. Russo, O. M. Bucci, T. Isernia, G. Toso, and P. Angeletti. Ka-band active sparse arrays for satcom applications. In *Proceedings of the 2012 IEEE International Symposium on Antennas and Propagation*, pages 1-2, July 2012.

[22] Shigang Chen and K. Nahrstedt. An overview of quality of service routing for next-generation high-speed networks: problems and solutions. *IEEE Network*, 12(6):64-79, Nov 1998.

[23] J. P. Choi and V. W. S. Chan. Optimum power and beam allocation based on traffic demands and channel conditions over satellite downlinks. *IEEE Trans. on Wireless Commun.*, 4(6):2983-2993, Nov. 2005.

[24] J. P. Choi and V. W. S. Chan. Resource management for advanced transmission antenna satellites. *IEEE Trans. on Wireless Commun.*, 8(3):1308-1321, Mar. 2009.

[25] P. A. Chou and Y. Wu. Network coding for the internet and wireless networks. Technical Report Microsoft Research, MSR-TR-2007-70, June 2007.

[26] G. Cocco, T. D. Cola, M. Angelone, and Z. Katona. Radio resource management strategies for dvb-s2 systems operated with flexible satellite payloads. In *2016 8th Advanced Satellite Multimedia Systems Conference and the 14th Signal Processing for Space Communications Workshop (ASMS/SPSC)*, pages 1-8, Sept 2016.

[27] E. Cuevas, H. Esiely-Barrera, H. Warren Kim, and Z. Tang. Assessment of the internet protocol routing in space - joint capability technical demonstration. *Johns Hopkins APL Technical Digest*, 30(2):89-102, 2011.

[28] Peter B. de Selding. Leosat corporate broadband constellation sees geo satellite operators as partners. http://tinyurl.com/z8o8shg.

[29] J. Detchart, E. Lochin, J. Lacan, and V. Roca. Tetrys, an on-the-fly network coding protocol. Technical report, NWCRG Internet Draft, July 8, 2016.

[30] M. Durvy, C. Fragouli, and P. Thiran. Towards reliable broadcasting using acks. In *Proc. IEEE Int. Symp. Inform.* Theory, 2007.

[31] ETSI. DVB, second generation framing structure, channel coding and modulation systems for Broadcasting, Interactive Services, News Gathering and other Broadband

Satellite Applications Part 2: DVB-S2 Extensions (DVB-S2X);. European Standard, Oct. 2014. ETSI EN 302 307-2 V1.1.1.

[32] ETSI. DVB, user guidelines for the second generation framing structure, channel coding and modulation systems for Broadcasting, Interactive Services, News Gathering and other Broadband Satellite Applications Part 2: DVB-S2 Extensions (DVB-S2X);. Technical Report, Nov. 2015. ETSI TR 102 376-2 V1.1.1.

[33] Barry G. Evans, Paul T. Thompson, and Argyrios Kyrgiazos. Irregular beam sizes and non-uniform bandwidth allocation in HTS. In *AIAA Int. Commun. Satellite Systems Conf.*, pages 1-7, Florence, Italy, Sep. 2013.

[34] S. Feizi, D. E. Lucani, and M. Médard. Tunable sparse network coding. *Int. Zurich Seminar on Communications*, February 2012.

[35] H. Fenech, A. Tomatis, S. Amos, V. Soumpholphakdy, and J. L. Serrano Merino. Eutelsat HTS systems. *International Journal of Satellite Communications and Networking*, 34(4):503-521, 2016.

[36] H. Fenech, A. Tomatis, S. Amos, V. Soumpholphakdy, and D. Serrano- Velarde. Future high throughput satellite systems. In *2012 IEEE First AESS European Conference on Satellite Telecommunications (ESTEL)*, pages 1-7, Oct 2012.

[37] V. Firoiu, B. Adamson, V. Roca, C. Adjih, J. Bilbao, F. Fitzek, A. Masucci, and M. Montpetit. Network coding taxonomy. Technical report, Internet draft, draft-irtf-nwcrg-network-coding-taxonomy-00.

[38] S. Floyd, V. Jacobson, S. McCanne, C. g. Liu, and L. Zhang. A reliable multicast framework for light-weight sessions and application level framing. *ACM SIGCOMM Computer Communication Review*, 25(4):342-356, October 1995.

[39] A. Ford, C. Raiciu, M. Handley, S. Barre, and J. Iyengar. Architectural guidelines for multipath tcp development. *IETF RFC*, 6182, 2011.

[40] A. Ford, C. Raiciu, M. Handley, and O. Bonaventure. Tcp extensions for multipath operation with multiple addresses. *IETF RFC*, 6824, 2013.

[41] Nikos Fotiou, Konstantinos V. Katsaros, George Xylomenos, and George C. Polyzos. H-pastry: An inter-domain topology aware overlay for the support of name-resolution services in the future internet. *Computer Communications*, 62:13 -22, 2015.

[42] Nikos Fotiou, Giannis F. Marias, and George C. Polyzos. Access control enforcement delegation for information-centric networking architectures. In *Proceedings of the Second Edition of the ICN Workshop on Information-centric Networking*, ICN ' 12, pages 85-90, New York, NY, USA, 2012. ACM.

[43] J. Foust. Mega-constellations and mega-debris. http://www.thespacereview.com/article/3078/1.

[44] C. Fragouli, J. Y. L. Boudec, and J. Widmer. Network coding: An instant primer. *ACM SIGCOMM Computer Communication Review*, 36(1):63-68, 2006.

[45] G. Garrammone, T. Ninacs, and S. Erl. On network coding for reliable multicast via satellite. In *Proc. of the 18-th Ka and Broadband Communications and 30-th*

AIAA International Communications Satellite Systems Conference, Ottawa, Canada, September 2012. ICSSC.

[46] G. Giambene, D. K. Luong, V. A. Le, and M. Muhammad. Network coding and mptcp in satellite networks. In *Proc. of the 2016 8th Advanced Satellite Multimedia Systems Conference and the 14th Signal Processing for Space Communications Workshop*, pages 5-7, 2016.

[47] C. Hausl, O. Iscan, and F. Rossetto. Optimal time and rate allocation for a network-coded bidirectional two-hop communication. In Italy Lucca, editor, *Proc. of European Wireless*, April 2010.

[48] T. Ho, M. Médard, R. Koetter, D. R. Karger, M. Effros, J. Shi, and B. Leong. A random linear network coding approach to multicast. *IEEE Transactions on Information Theory*, 52(10):4413-4430, October 2006.

[49] V. Jacobson. Congestion avoidance and control. *SIGCOMM Comput. Commun. Rev.*, 18(4):314-329, August 1988.

[50] Petri Jokela, András Zahemszky, Christian Esteve Rothenberg, Somaya Arianfar, and Pekka Nikander. Lipsin: Line speed publish/subscribe inter-networking. *SIGCOMM Comput. Commun. Rev.*, 39(4):195-206, August 2009.

[51] M. Kaliski. Evaluation of the next steps in satellite high power amplifier technology: Flexible twtas and gan sspas. In *2009 IEEE International Vacuum Electronics Conference*, pages 211-212, April 2009.

[52] ZoltÃan Katona, Federico Clazzer, Kevin Shortt, Simon Watts, Hans Peter Lexow, and Ratna Winduratna. Performance, cost analysis, and ground segment design of ultra high throughput multi-spot beam satellite networks applying different capacity enhancing techniques, *International Journal of Satellite Communications and Networking*, 34(4):547-573, Mar. 2016.

[53] S. Katti, H. Rahul, H.Wenjun, D. Katabi, M. Médard, and J. Crowcroft. Xors in the air: Practical wireless network coding. *IEEE/ACM Transactions on Networking*, 16(3):497-510, June 2008.

[54] F. P. Kelly and T. Voice. Stability of end-to-end algorithms for joint routing and rate control. *ACM SIGCOMM Computer Communication Review*, 35(2):5-12, April 2005.

[55] R. Khalili, N. Gast, M. Popovic, U. Upadhyay, and J. y. Le Boudec. Nonpareto optimality of mptcp: Performance issues and a possible solution. *EPFL-REPORT-*, 177901, 2012.

[56] R. Khalili, N. Gast, M. Popovic, and J. y. Le Boudec. Mptcp is not pareto-optimal: Performance issues and a possible solution. *IEEE/ACM Transactions on Networking*, 21(5):1651-1665, October 2013.

[57] R. Khalili, N. Gast, M. Popovic, and J. y. Le Boudec. Opportunistic linked-increases congestion control algorithm for mptcp. *Internet draft, draft-khalili-mptcp-congestion-control-00*, February 2013.

[58] A. Kyrgiazos, B. G. Evans, and P. Thompson. On the gateway diversity for high throughput broadband satellite systems. *IEEE Trans. Wireless Commun.*, 13(10):5411-5426, October 2014.

[59] A. Kyrgiazos, P. Thompson, and B. G. Evans. System design for a broadband access terabits satellite for europe. In Italy Palermo, editor, *Proc. of the Ka band and Utilization Conference*, October 2011.

[60] T. V. Lakshman and Upamanyu Madhow. The performance of tcp/ip for networks with high bandwidth-delay products and random loss. *IEEE/ACM Trans. Netw.*, 5(3):336-350, June 1997.

[61] J. Lei and M. A. Vazquez-Castro. Joint power and carrier allocation for the multibeam satellite downlink with individual sinr constraints. In *IEEE Int. Conf. on Commun.*, pages 1-5, May 2010.

[62] J. Lei and M. ÃA VÃazquez-Castro. Multibeam satellite frequency/time duality study and capacity optimization. *J. of Commun. and Networks*, 13(5):472-480, Oct 2011.

[63] S. Y. R. Li, R. W. Yeung, and N. Cai. Linear network coding. *IEEE Transactions on Information Theory*, 49(2):371-381, 2003.

[64] E. Lier, D. Purdy, and K. Maalouf. Study of deployed and modular active phased-array multibeam satellite antenna. *IEEE Antennas and Propagation Magazine*, 45(5):34-45, Oct 2003.

[65] Z. Liu, C. Wu, B. Li, and S. Zhao. Uusee: Largescale operational on demand streaming with random network coding. In *Proc. of IEEE INFOCOM 2010*, pages 2070-2078.

[66] J. Lizarraga, P. Angeletti, N. Alagha, and M. Aloisio. Flexibility performance in advanced ka-band multibeam satellites. In *IEEE Int. Vacuum Electronics Conf.*, pages 45-46, Apr. 2014.

[67] M. Luby. Lt codes. In *Proc. of the IEEE Symposium on the Foundations of Computer Science*, pages 271-280, 2002.

[68] M. Luby, A. Shokrollahi, M. Watson, and T. Stockhammer. Raptor forward error correction scheme for object delivery. Technical report, IETF RFC 5053, October 2007.

[69] M. Luby, A. Shokrollahi, M. Watson, T. Stockhammer, and L. Minder. Raptorq forward error correction scheme for object delivery. Technical report, IETF RFC 6330, August 2011.

[70] K. Maine, C. Devieux, and P. Swan. Overview of iridium satellite network. In *WESCON/'95. Conference record. 'Microelectronics Communications Technology Producing Quality Products Mobile and Portable Power Emerging Technologies'*, pages 483, Nov 1995.

[71] A. Mallet, A. Anakabe, J. Sombrin, R. Rodriguez, and F. Coromina. Multi-port amplifier operation for ka-band space telecommunication applications. In *2006 IEEE MTT-S International Microwave Symposium Digest*, pages 1518-1521, June 2006.

[72] Saverio Mascolo, Claudio Casetti, Mario Gerla, M. Y. Sanadidi, and Ren Wang. Tcp westwood: Bandwidth estimation for enhanced transport over wireless links. In *Proceedings of the 7th Annual International Conference on Mobile Computing and Networking, MobiCom'01*, pages 287–297, New York, NY, USA, 2001. ACM.

[73] T. Matsuda, T. Noguchi, and T. Takine. Survey of network coding and its applications. *IEICE Transactions*, 94-B(3):698–717, 2011.

[74] R. Mauger and C. Rosenberg. Qos guarantees for multimedia services on a tdma-based satellite network. *Comm. Mag.*, 35(7):56–65, July 1997.

[75] D. Mignolo, A.Ginesi E. Re, A. Bolea Alamanac, P. Angeletti, and M. Harverson. Approaching Terabit/s satellite: a system analysis. In *17th Ka and Broadband Communications, Navigation and Earth Observation Conference*, pages 1–10, Palermo, Italy, Oct. 2011.

[76] M.J. Miller and K.V. Buer. Flexible forward and return capacity allocation in a hub-spoke satellite communication system, December 25 2012. US Patent 8,340,016.

[77] M.J. Miller and C.N. Pateros. Flexible capacity satellite communications system, September 25 2014. US Patent App. 13/666,112.

[78] J. H. Møller, M. V. Pedersen, F. Fitzek, and T. Larsen. Network coding for mobile devices-systematic binary random rateless codes. In *Proc. of the International Conference on Communications*. ICC, 2009.

[79] M. Mongelli, T. De Cola, M. Cello, M. Marchese, and F. Davoli. Feederlink outage prediction algorithms for sdn-based high-throughput satellite systems. In *2016 IEEE International Conference on Communications (ICC)*, pages 1-6, May 2016.

[80] FCC application Motorola Global Communications. Celestri multimedia leo system, June 1997.

[81] M. Muhammad, G. Giambene, and T. de Cola. Channel prediction and network coding for smart gateway diversity in terabit satellite networks. In *Proc. of IEEE Globecom 2014 - Wireless Communications Symposium*, pages 8–12, Texas, December, 2014. Austin.

[82] M. Muhammad, G. Giambene, and T. de Cola. Qos support in sgd-based high throughput satellite networks. *IEEE Transactions on Wireless Communications*, 15(12):8477–8491, Dec 2016.

[83] K. Nichols, S. Blake, F. Baker, and D. Black. Definition of the Differentiated Services Field (DS Field) in the IPv4 and IPv6 Headers. RFC 2474 (Proposed Standard), December 1998. Updated by RFCs 3168, 3260.

[84] OneWeb. Oneweb presentation, oct. 2016.

[85] N. Porecki, G. Thomas, A. Warburton, N. Wheatley, and N. Metzger. Flexible payload technologies for optimising ka-band payloads to meet future business needs. In *19th Ka band Conference*, Sept. 2013.

[86] R. Prior and A. Rodrigues. Systematic network coding for packet loss concealment in broadcast distribution. In *Proc. of the International Conference on Information Networking 2011*, pages 245-250, Barcelona, 26-28, January 2011. ICOIN2011).

[87] T. Qi and Y. Wang. Energy-efficient power allocation over multibeam satellite downlinks with imperfect CSI. In *Int. Conf. on Wireless Commun. Signal Processing*, pages 1-5, Oct. 2015.

[88] C. Raiciu, M. Handly, and D. Wischik. Coupled congestion control for multipath transport protocols. *IETF RFC*, 6356, 2011.

[89] W. A. Sandrin. The butler matrix transponder. *COMSAT Technical Review*, 4(2):19-345, Fall 1974.

[90] M. Schneider, C. Hartwanger, E. Sommer, and H. Wolf. The multiple spot beam antenna project "Medusa". In *2009 3rd European Conference on Antennas and Propagation*, pages 726-729, March 2009.

[91] H. Shojania and B. Li. Parallelized progressive network coding with hardware acceleration. In *Proc. of the 15th IEEE International Workshop on Quality of Service*, pages 47-55, June 2007.

[92] H. Skinnemoen. Gateway diversity in ka-band systems. In *Proc. of the 4th Ka-band Utilization Conference*, pages 2-4, Italy, November 1998. Venice.

[93] P. Sourisse, D. Rouffet, and H. Sorre. Skybridge: a broadband access system using a constellation of leo satellites. https://www.itu.int/newsarchive/press/WRC97/SkyBridge.html.

[94] R. Stewart. Stream control transmission protocol. *IETF RFC*, 4960, 2007.

[95] M. A. Sturza and F. Ghazvinian. Teledesic satellite system overview. https://citeseerx.ist.psu.edu/viewdoc/download?doi=10.1.1498.7629&rep1&type=pdf.

[96] K. Sundararajan, D. Shah, M. Médard, S. Jakubczak, M. Mitzenmacher, and J. Barros. Network coding meets tcp: Theory and implementation. *Proceedings of the IEEE*, 99(3):490-512, March 2011.

[97] G. Thomas, S. Laws, T.Waterfield, B. Gulloch, M. Trier, A. Montesano, and N. Gatti. Eutelsat quantum payload design and enabling technologies. In *3rd ESA Workshop on Advanced Flexible Telecom Payloads*, March 2016.

[98] Y. Thomas, C. Tsilopoulos, G. Xylomenos, and G. C. Polyzos. Accelerating file downloads in publish subscribe internetworking with multisource and multipath transfers. In *WTC 2014; World Telecommunications Congress 2014*, pages 1-6, June 2014.

[99] Xenofon Vasilakos, Vasilios A. Siris, and George C. Polyzos. Addressing niche demand based on joint mobility prediction and content popularity caching. *Computer Networks*, 110:306 -323, 2016.

[100] O. Vidal, G. Verelst, J. Lacan, E. Alberty, J. Radzik, and M. Bousquet. Next generation high throughput satellite system. In *2012 IEEE First AESS European Conference on Satellite Telecommunications (ESTEL)*, pages 1-7, Oct 2012.

[101] F. Vieira, D. Lucani, and N. Alagha. Codes and balances: Multibeam satellite load balancing with coded packets. In *Proc. of the IEEE International Conference on Communications*, Ottawa, Canada, June 2012. ICC.

[102] F. Vieira, S. Shintre, and J. Barros. How feasible is network coding in current satellite systems ? In *Proc. of the 5th Advanced Satellite Multimedia Systems Conference*, Cagliari, Italy, September 2010. ASMS and the *11th Signal Processing for Space Communications Workshop (SPSC)*.

[103] M. Watson, T. Stockhammer, and M. Luby. Raptor fec schemes for fecframe. Technical report, Internet Draft, draft-ietf-fecframe-raptor- 10, March 2012.

[104] M. Werner. A dynamic routing concept for atm-based satellite personal communication networks. *IEEE Journal on Selected Areas in Communications*, 15(8):1636-1648, Oct 1997.

[105] R. A. Wiedeman, A. B. Salmasi, and D. Rouffet. Globalstar: Mobile communications wherever you are. In *14th AIAA International Communications Satellite Systems Conference*, Sept. 1992.

[106] D. Wischik, C. Raiciu, and M. Handley. *Balancing Resource Pooling and Equipoise in Multipath Transport*. ACM SIGCOMM, 2010.

[107] G. Xylomenos, G. C. Polyzos, P. Mahonen, and M. Saaranen. Tcp performance issues over wireless links. *IEEE Communications Magazine*, 39(4):52-58, Apr 2001.

[108] G. Xylomenos, X. Vasilakos, C. Tsilopoulos, V. A. Siris, and G. C. Polyzos. Caching and mobility support in a publish-subscribe internet architecture. *IEEE Communications Magazine*, 50(7):52-58, July 2012.

[109] G. Xylomenos, C. N. Ververidis, V. A. Siris, N. Fotiou, C. Tsilopoulos, X. Vasilakos, K. V. Katsaros, and G. C. Polyzos. A survey of information-centric networking research. *IEEE Communications Surveys Tutorials*, 16(2):1024-1049, Second 2014.

[110] D. Zhou and W. Song. *Multipath TCP for User Cooperation in Wireless Networks*. Springer, Brief in Computer Science, 2014.